Zu diesem Buch

Zehntausend Jahre hat die Menschheit gebraucht, um zu der Vielfalt an genetischem Material unserer Kulturpflanzen zu kommen, die wir heute haben. Wir haben es heute in der Hand, diesen Reichtum innerhalb der nächsten zehn Jahre zu verspielen:

Wer das Saatgut kontrolliert, kontrolliert die landwirtschaftliche Entwicklung dieser Erde: Welche Arten angebaut werden, welche Landwirtschaftsmethoden angewandt werden und wo und wie die Erzeugnisse verwertet werden – wird vom Saatgut bestimmt. In letzter Konsequenz bedeutet das, wer auf der Welt satt wird und wer hungert.

Als die Studie des Kanadiers Pat Roy Mooney «Seeds of the Earth» 1979 erschien, erregte sie unter Fachinteressierten und Entwicklungspolitikern großes Aufsehen. Zum erstenmal werden klar, eindringlich und erschreckend, die Auswirkungen der Monopolisierung des Saatgutmarktes für die zukünftige Welternährung aufgezeigt. Mooneys Studie weist nach, daß das Vordringen multinationaler Konzerne in den Saatgutbereich die genetische Vielfalt wichtiger Getreide-, Gemüse- und Obstsorten drastisch einschränkt, die genetischen Grundlagen der künftigen Welternährung unwiederbringlich zerstört und Hungersnöte in der Dritten Welt der Willkür von Öl- und Agrarchemiekonzernen unterwirft.

Mooneys Studie zeigt aber auch: noch ist es nicht zu spät. Noch können Regierungen und internationale Organisationen Geldmittel bereitstellen, um bedrohtes Gen-Material zu sammeln und zu konservieren. Noch können Regierungen staatliche Zuchteinrichtungen unterstützen, auch gegen das Eindringen multinationaler Konzerne.

Pat Roy Mooney

Saat-Multis und Welthunger

Wie die Konzerne die Nahrungsschätze der Welt plündern

Aus dem Englischen
von Walle Bengs

rororo
Rowohlt

rororo aktuell – Herausgegeben von Freimut Duve

Deutsche Erstausgabe

In Zusammenarbeit mit dem Autor bearbeitet und aktualisiert
von Rüdiger Stegemann und Eva Weltzien
Redaktion Klaus Humann

Veröffentlicht im Rowohlt Taschenbuch Verlag GmbH,
Reinbek bei Hamburg, August 1981

Umschlagentwurf Werner Rebhuhn (Abbildung mit freundlicher
Genehmigung der Deutschen Shell Aktiengesellschaft)
Satz Bembo (Linotron 404)
Gesamtherstellung Clausen & Bosse, Leck
Printed in Germany
880-ISBN 3 499 14731 9

Inhalt

Vorwort zur deutschen Ausgabe

Zwar ist der industrialisierte Westen reich an Getreide, aber er ist auch arm an Genen. Die gegenseitige Abhängigkeit aller Bewohner des «Dorfes Welt» kann nicht klarer gemacht werden als an der Nahrungskette, die zugleich eine Saatgutkette ist, und die reichen Länder und die Dritte Welt aneinander bindet.

Die Landwirtschaft begann einst in der Dritten Welt. Als sich die Menschheit aus der ursprünglichen Heimat unserer wichtigsten Nahrungspflanzen nach Europa und der «Neuen Welt» der beiden Amerikas und Australasiens ausbreitete, nahm sie sich die Wegzehrung mit – das Saatgut der Alten Welt. Um die Fruchtbarkeit der beiden Amerikas und Australasiens und, nicht minder, Europas zu erhalten, müssen die Wissenschaftler aus der freien Wirtschaft wie den öffentlichen Einrichtungen in die Dritte Welt zurückkehren, wo sie die alten Gene finden, die sie zur Züchtung neuer Sorten brauchen, um unser anfälliges Ernährungssystem gegen die ständig mutierenden Krankheiten, die sich ständig wandelnden Umwelteinflüsse zu verteidigen, die unsere Nahrungsversorgung bedrohen.

Jetzt aber ändert sich die Situation – rapide und radikal. Das Saatgut der Schönen Neuen Welt wächst nun dort, wo einst die alten Landsorten in Blüte standen. Wie ein Steppenbrand fegt eine Revolution über die Felder der Dritten Welt: sie ersetzt die frühere genetische Vielfalt, die Sicherheit bedeutete, durch genetisch gleichartige Pflanzen – Quadratkilometer um Quadratkilometer. Diese Einheitlichkeit aber bedeutet Anfälligkeit – nicht nur für die Dritte Welt, sondern für uns alle.

Dieser Steppenbrand wütet jedoch auch in den gemäßigten Zonen – auf den Feldern der Bauern wie auf den Regalen der Lebensmittelgeschäfte; er droht, uns allen fade Nahrung aufzuzwingen, die zugleich teurer wie weniger gesund ist. Und dieses Feuer wird von einem Gesetzeswerk angefacht, das als Sortenschutz bekannt ist – eine Art Patentgesetzgebung, die es Unternehmen erlaubt, ein ausschließliches Monopol auf bestimmte Pflanzensorten zu erlangen, die sie entweder gezüchtet oder auch nur «entdeckt» haben. Die Chance, sich solche Monopole sichern zu können, hat eine weltweit operierende Saatgutindustrie geschaffen, und sie hat der Verschmelzung von Saatguthandel und Agrochemie den Weg bereitet. Die möglichen Folgen sind überhaupt nicht abzusehen. Das vermutlich größte Saatgutunternehmen der Welt von heute ist der Öl- und Chemiegigant Royal Dutch/Shell. Andere, die erst vor wenigen Jahren in das Geschäft mit dem Saatgut eingestiegen sind, sind die schweizerischen Großkonzerne Sandoz und Ciba-Geigy, die amerikanischen Großunternehmen Upjohn, ITT und Pfizer. Es ist dringend, daß bekannt wird, was mit der Nahrungsversorgung unserer Erde geschieht. «Unser täglich Brot gib uns heute» – dieses Gebet darf niemals ein Gebet an Shell Oil werden.

Vorwort

Die vierte Sitzung der Konferenz der Vereinten Nationen für Handel und Entwicklung (UNCTAD), die 1976 in Nairobi stattfand und bei der auch landwirtschaftliche Fragen angesprochen wurden, gab den Anstoß zur Einberufung einer Arbeitstagung über internationale Ernährungsprobleme durch die International Coalition for Development Action (ICDA), die im November 1977 in Qu'Appelle bei Regina (Saskatchewan) in Kanada durchgeführt wurde. In langen Diskussionen kristallisierten sich einige zentrale Problemkreise zur Welternährung heraus, die stärkere internationale Aufmerksamkeit verdienten. Weit oben auf der Dringlichkeitsliste rangierte ein Problem, das sich vereinfachend als die Saatgutfrage bezeichnen ließe. Ausgangspunkt war die Besorgnis über das rasche Schwinden der genetischen Basis für die Welternährung, und daß eine restriktive Gesetzgebung es dem Agrobusiness ermöglicht, die Kontrolle über diesen lebenswichtigen Teil des globalen Ernährungssystems zu gewinnen.

Die ICDA setzte im Dezember 1977 eine Arbeitsgruppe ein, die diese Fragen näher untersuchen sollte. Ihr gehörten an: Cary Fowler (Chapel Hill, North Carolina, USA), der als erster auf das Problem hingewiesen und bereits etliche Vorarbeiten geleistet hatte; Jean-Pierre Berlan (Paris), Kenner der Situation im europäischen Saatgutbereich; Dan McCurry (Chicago, USA), mit ausgedehnten Kontakten zu amerikanischen Gruppen kritischer Farmer; und schließlich Pat Roy Mooney (Brandon, Manitoba, Kanada), der als Mitglied des Koordinierungsausschusses der ICDA die Qu'Appelle-Konferenz vorbereitet hatte und sich in der ICDA vor allem mit der Tätigkeit multinationaler Konzerne beschäftigte.

Schon die ersten Recherchen ergaben, daß in Australien, Irland und Kanada gesetzgeberische Schritte zur Reglementierung der Pflanzenzüchtung ins Haus standen und in den USA eine Erweiterung der Gesetzgebung zu erwarten war. Das Hauptaugenmerk galt jedoch Kanada, wo eine erste Parlamentsdebatte unmittelbar bevorstand. Im März 1978 legte der Saskatchewan Council for International Cooperation (SCIC) – ein Zusammenschluß von dreißig nichtstaatlichen Organisationen dieser kanadischen Provinz – der Provinzregierung eine Petition mit dem Titel *Food for People* (Nahrung für Menschen) vor, die starke Bedenken gegen die beabsichtigten gesetzlichen Regelungen zum Ausdruck brachte. Das ganze Jahr 1978 arbeitete der SCIC eng mit der internationalen Arbeitsgruppe der ICDA zusammen, um eine eigene Stellungnahme zum Sortenschutzrecht zu entwickeln. Im Herbst veröffentlichte der SCIC gemeinsam mit der ICDA einen vorläufigen Bericht mit dem Titel *Genetic Resources and Plant Breeders' Rights* (Genetische Ressourcen und Sortenschutzbestimmungen), der weite Verbreitung fand und in agrarpolitischen Kreisen in Kanada und Europa heftige Diskussionen auslöste.

Nach der Generalversammlung der ICDA in Genf vom Oktober 1978 herrschte Einigkeit darüber, daß eine detailliertere Untersuchung – unter einer globaleren Sicht – vonnöten war. Die Arbeitsgruppe setzte ihre intensiven Nachforschungen auf diesem Gebiet fort, die vom kanadischen Mitglied der ICDA, dem Canadian Council for International Cooperation (CCIC) koordiniert und durch Tim Brodhead vom ICDA-Koordinierungsausschuß intensiv unterstützt wurde. An diesem Punkt wurde deutlich, daß dringend eine Person benötigt wurde, um die wachsenden Mengen von Informationen und Material zusammenzufassen und die Untersuchungen voranzutreiben. Pat Mooney wurde gebeten, diese Aufgabe zu übernehmen, und so wurde *«Seeds of the Earth»* schließlich im Sommer 1979 fertiggestellt.

Die Absicht dieses Buches war es, die Aufmerksamkeit auf dieses lebenswichtige landwirtschaftliche und entwicklungspolitische Thema zu lenken sowie zu Diskussionen und Aktionen anzuregen. Die volle Tragweite und die Vielschichtigkeit der «Saatgutfrage» schien von viel zu wenigen Politikern, Entscheidungsträgern in der Landwirtschaft und Wissenschaftlern erfaßt zu werden. Der breiten Öffentlichkeit war die Problematik nicht bekannt, und viele Leute in verantwortlichen Positionen schienen wenig an einer offenen Diskussion darüber interessiert zu sein.

Beurteilt man die Reaktionen auf dieses Buch seit seinem ersten Erscheinen im Sommer 1979, so haben wir das gesteckte Ziel erreicht. In Ländern, in denen die Einführung einer Saatgutgesetzgebung erwogen wird, wurden weitgreifende Debatten ausgelöst. Landwirte, Wissenschaftler, Parlamentarier, Regierungsbeamte und Journalisten haben entweder die Grundaussagen dieses Buches unterstützt oder sich verpflichtet gefühlt, auf dieses Thema in einem breiteren sozialen und politischen Zusammenhang einzugehen. Auch aus Kreisen der Vereinten Nationen wird inzwischen gefordert, den landwirtschaftlichen, ökologischen und ökonomischen Konsequenzen der gegenwärtigen Entwicklungen im Bereich der Kontrolle und des Gebrauchs von Saatgut mit Vorsicht und Wachsamkeit zu begegnen. Die Menschen in der Dritten Welt haben begonnen, diese globalen Probleme auch im Blick auf ihre eigene landwirtschaftliche Sicherheit und Eigenständigkeit zu sehen.

Die ersten Reaktionen aus den Reihen der Großkonzerne, die auf dem Saatgutsektor aktiv sind, waren verständlicherweise negativ; es gab sogar Versuche, die Motive der Nachforschungen und der beteiligten Personen in Frage zu stellen. Seitdem versuchen die Konzerne, das Thema in der Hoffung herunterzuspielen, daß die Diskussionen wieder abflauen. Mit vielen Regierungen von Industriestaaten auf ihrer Seite – wegen des gemeinsamen Interesses an Sortenschutzregelungen – wollten die Konzerne sicher keine Aufmerksamkeit auf den Saatgutbereich und ihre Verflechtungen damit lenken. Wo immer Debatten stattgefunden haben, wurden die grundlegenden Thesen dieses Buches jedoch nicht widerlegt.

In der Zwischenzeit war Pat Mooney weiterhin aktiv, hat weitergehende Nachforschungen und Diskussionen in Europa und Nord-Amerika geführt. Als wichtigster Sprecher der ICDA in Saatgutangelegenheiten hat er es mit vielen Personen aus den Bereichen Landwirtschaft, Regierungen, Wirtschaft und Massenmedien zu tun gehabt. Zum Beispiel hat er in Irland eine öffentliche Ansprache zu dem Thema gehalten, direkt nachdem die Sortenschutzgesetze ins Parlament eingebracht worden waren; und in den USA wurde er eingeladen, vor einem Unterausschuß des Repräsentantenhauses, der sich mit der Erweiterung der US-Patentgesetzgebung beschäftigt, seine Ansichten vorzutragen.

Was vor weniger als drei Jahren angefangen hatte als eine Besorgnis einer Handvoll Leute, ist inzwischen angewachsen zu einer Thematik, die auf der ganzen Welt heiße Debatten auslöst. Dieses Phänomen hat deutlich gemacht, worin die Stärke von Aktionsgruppen und Freiwilligenorganisationen liegt, wenn es darum geht, weltweit bedeutende Probleme an die Öffentlichkeit zu bringen, die von den offiziellen Institutionen unserer Gesellschaft übergangen werden. Im Februar 1979 hat der Vorstand des CCIC einstimmig eine Resolution angenommen, die zu einer weltweiten Kampagne für die Erhaltung genetischen Materials aufruft und fordert, die restriktive Gesetzgebung in Kanada zu stoppen. Der CCIC und die ICDA sehen sich weiterhin verpflichtet, das Thema dieses Buches öffentlich anzusprechen und der Tendenz zunehmender Kontrolle über das Saatgut und schwindender Sicherheit in der Nahrungsmittelversorgung entgegenzuarbeiten.

Richard Harmston,
CCIC, Ottawa
Mai 1980

Das Saatgut

Die genetische Vielfalt der meisten Nutzpflanzen – in den Wawilowschen Zentren der Dritten Welt – ist im Schwinden begriffen. Wie ernst ist dieses Problem? Was wird dagegen getan? Hat es Folgen für die Welternährungslage? Welche Folgen hat diese Entwicklung für die «gen-armen» Industrienationen?

Kapitel 1
Die Gen-Reichen und die Gen-Armen

«Wenn wir uns nur auf die heute in den USA verfügbaren Genvorkommen und Genkombinationen stützen könnten, die nötig sind, um die genetische Anfälligkeit aller Nutzpflanzen für die Zukunft auf den niedrigst möglichen Stand zu drücken, dann würden wir schon bald Verluste zu verzeichnen haben, die so groß – oder noch größer – wären als die, die die Blattfleckenkrankheit vor einigen Jahren im Süden der USA beim Mais angerichtet hat – und das in rapid steigendem Umfang quer durch das gesamte Nutzpflanzenspektrum.»

J. P. Kendrick jr., University of California, 1977

1. Gemeinsamer Ursprung

Nahezu alles, was dem Menschen als Nahrung dient, stammt letztlich aus weniger als einem Dutzend Gebieten extremer genetischer Vielfalt – den sogenannten *Wawilowschen Zentren*, so benannt nach dem großen russischen Wissenschaftler, dem führenden Botaniker der zwanziger Jahre.[1] Nach jahrelangen Expeditionen kam Wawilow zu dem Schluß, daß eine bestimmte Kombination von geographischen und klimatischen Bedingungen sowie bestimmter Anbaumethoden dazu geführt hat, daß fast alle wichtigen Nutzpflanzen ihren Ursprung auf weniger als einem Viertel der landwirtschaftlich nutzbaren Fläche der Erde haben. Die wichtigsten Zentren sind der Mittelmeerraum, der Nahe Osten, Afghanistan, Nordindien/Himalaja, Malaysia-Java, China, Guatemala-Mexiko, die peruanischen Anden und Äthiopien.[2]

Mit Ausnahme eines schmalen Streifens rund um das Mittelmeer ist die industrialisierte Welt von diesen Zentren genetischer Vielfalt ausgeschlossen. Der Grund für diese botanische Armut ist in der letzten Eiszeit zu suchen: während die Vegetation der gemäßigten Zonen erfror, herrschte in den tropischen Gebieten außerordentliche genetische Vielfalt. Die daraus resultierenden Unterschiede lassen sich nur schwer übertreiben. Norman Myers (Nairobi) berichtet von einem kleinen Vulkan auf den Philippinen, dem Makiliang, auf dessen Abhängen mehr Baumarten anzutreffen sind als in ganz Kanada. Das Amazonasbecken beherbergt achtmal mehr lebende Arten als das Flußsystem des Mississippi und zehnmal mehr als ganz Europa.[3]

Weniger als 10% der 300000 höheren Pflanzenarten der Erde sind bisher wissenschaftlich untersucht, ein Großteil davon nur höchst oberflächlich – noch nicht einmal 3000 Arten sind bisher gründlich erforscht.[4] 95% aller Nahrungsmittel beruhen auf nicht mehr als dreißig Pflanzen, von denen wiederum bloße acht Arten drei Viertel der von den Menschen verwerteten pflanzlichen Energieproduktion erbringen. Drei Nutzpflanzen – Weizen, Reis, Mais – decken über 75% unseres Getreidekonsums ab.[5] So ist es jedoch nicht immer gewesen. Der prähistorische Mensch ernährte sich von über 1500 Wildpflanzenarten; die alten Ackerbaukulturen kannten mindestens 500 Hauptnahrungspflanzen. Im Zeitraum von tausend Jahren hat sich die vegetabile Nahrungsvielfalt auf die 200 Arten verengt, die im Hausgarten gezogen werden, und auf jene achtzig, die bevorzugt von den marktorientierten Anbauern kultiviert werden. Nur zwanzig Gemüsearten werden im Feldanbau eingesetzt.[6] Die neuere Geschichte der Landwirtschaft ist – mindestens zum Teil – die Geschichte zurückgehender Nahrungsvielfalt; mehr und mehr Menschen werden von einem immer kleiner werdenden Teil des Weltpflanzenbestands ernährt.[7]

Die gegenseitige Abhängigkeit in der Welternährung nimmt in erschreckendem Ausmaß zu. Wir sind zur Sicherung unserer Ernährung auf die Genvorkommen der Dritten Welt angewiesen; dies gilt insbesondere für Australien und Nordamerika. Der Dekan der landwirtschaftlichen Fakultät der University of California, J. P. Kendrick jr.,

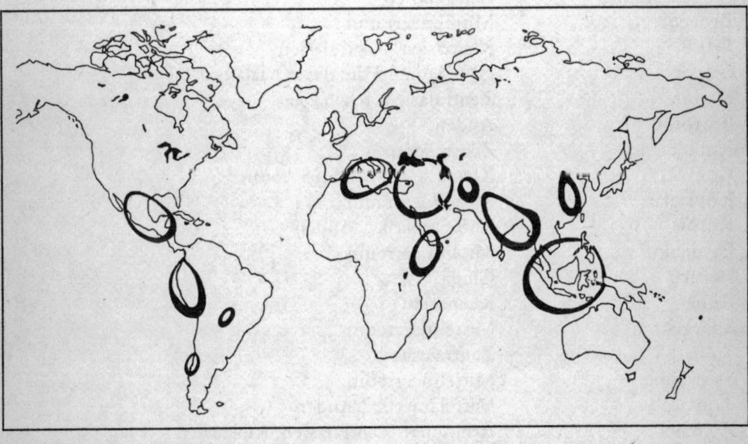

Karte 1: Die Wawilowschen Zentren

Quelle: Genetic Conservation, Veröff. der FAO (Genetic Conservation Training Programme, Crop Ecology and Genetic Resources Unit), PI/F 7460

Tabelle 1: Herkunft der wichtigsten Nutzpflanzen

Pflanze	Hauptzentrum
Getreide	
Buchweizen	China
Flachs	Kleinasien, Äthiopien
Gerste	Kleinasien, Äthiopien
Hafer	Kleinasien, Mittelmeerraum
Luzerne	Kleinasien
Mais	Mittelamerika, Anden
Reis	Westafrika, Nordindien/Himalaya, Südostasien
Roggen	Kleinasien
Senf	Zentralasien
Sorghum	
– Besenhirse	Zentralasien
– Kolbenhirse	Südostasien
Weizen	Kleinasien, Äthiopien
Gemüse	
Aubergine	Nordindien/Himalaya, China, Afrika
Blumenkohl	Mittelmeerraum
Bohnen	
– Gemeine	Mittelamerika
– Flügelbohne	Papua/Neuguinea
– Limabohne	Südamerika
– Saubohne	Zentralasien
Broccoli	Mittelmeerraum
Erbse	Kleinasien, Zentralasien
Gurke	Nordindien/Himalaya, Malaysia
Karotte	Zentralasien, Kleinasien
Kartoffel	Anden
Knoblauch	Zentralasien
Kohl	Kleinasien, Mittelmeerraum
Kopfsalat	Mittelmeerraum
Kürbis	Mittelamerika, Anden
Pastinak	Mittelmeerraum
Rettich	China
Rübe	Kleinasien
Spargel	Mittelmeerraum
Spinat	Zentralasien
Steckrübe	Mittelmeerraum
Tomate	Mittelamerika, Anden
Zwiebel	Äthiopien, Zentralasien, Kleinasien

Quellen: Zusammengestellt aus botanischen Enzyklopädien; Hauptquelle bildeten die Publikationen des IBPGR sowie eine an der Sorbonne (Paris) erstellte Karte.

Pflanze	Hauptzentrum
Früchte/Nüsse	
Ananas	Mittelamerika, Brasilien, Uruguay
Apfel	Zentralasien
Aprikose	Zentralasien, China
Banane	Äthiopien, Südostasien
Birne	Kleinasien, Zentralasien
Dattelpalme	Kleinasien
Erdbeere	Südchile
Erdnuß	Brasilien, Uruguay
Feige	Kleinasien
Gartenkürbis	Mittelamerika, Südamerika
Granatapfel	Kleinasien
Kirsche	Kleinasien, China, Japan
Kokosnuß	Südostasien
Mandel	Kleinasien, China
Mango	Nordindien/Himalaya
Melone	Zentralasien, Nordindien/Himalaya
Olive	Mittelmeerraum, Kleinasien
Orange	China, Nordindien/Himalaya, Südostasien
Pampelmuse	Südostasien
Papaya	Mittelmeer, Anden
Paranuß	Brasilien, Uruguay
Rhabarber	Mittelmeerraum, China
Sesam	Äthiopien, Zentralasien
Wassermelone	Zentralasien
Wein	Zentralasien, Kleinasien
Zitrone	Nordindien/Himalaya
Zuckerrohr	Nordindien/Himalaya, Südostasien, China
Zuckerrübe	Europa
Sonstige	
Baumwolle	Zentralasien, Nordindien/Himalaya, Mittelamerika, Südamerika
Hanf	Zentralasien, Nordindien/Himalaya
Johannisbrot	Mittelmeerraum
Jute	Nordindien/Himalaya
Kaffee	Äthiopien
Kakao	Mittelamerika
Sisal	Mittelamerika
Tabak	Mittelamerika
Tee	China
Zichorie	Mittelmeerraum

leitete eine Sondernummer der Fachzeitschrift *California Agriculture* mit dem Hinweis darauf ein, daß von den zweihundert kommerziell genutzten Pflanzen Kaliforniens keine einzige aus dem Land selbst stammt. Und in der Tat können von den 1000 Nutzpflanzenarten, die Jahr um Jahr in Nordamerika geerntet werden, nur drei diesen Kontinent als ihren Ursprung beanspruchen.[8]

Die Subsistenzbauern der Dritten Welt bauen die heutigen Hauptnutzpflanzen schon seit mehr als zehntausend Jahren an. Durch Beobachtung des natürlichen Mutationsprozesses und durch jahrhundertelange sorgfältige Selektion des Saatguts haben diese Bauern die Palette der Nutzpflanzen und ihrer Sorten ganz erstaunlich erweitert.[9] Diese Vielfalt war und ist überlebenswichtig. Keine einzige Weizen- oder Reissorte kann gegen Monsunregen, Insekten, Rostpilzbefall oder Fäule gleich resistent sein. Die Farmer selbst säen gern ein Dutzend oder mehr Weizensorten zugleich auf ihren Feldern aus – stellt sich Dürre, Nässe oder Rost ein, wird irgend etwas dennoch bis zur Ernte durchkommen. Trotz der jüngsten – und durchaus beeindruckenden – Fortschritte der industriellen Gen-Manipulation stehen die meisten Agrarwissenschaftler nach wie vor auf dem Standpunkt, daß die Technik mit der Vielfalt und Anpassungsfähigkeit der Natur noch lange nicht Schritt halten kann und daß es für die Wawilowschen Zentren keinen angemessenen technischen Ersatz gibt. Selbst die Internationale Atomenergieagentur (IAEA) wies in ihrem Jahresbericht 1971 darauf hin, daß durch radioaktive Bestrahlung erzeugte genetische Veränderungen keine Alternative zur Bewahrung und Erforschung des natürlichen genetischen Potentials böten.[10]

Die ursprüngliche Heimat der wichtigsten Nutzpflanzen ließ sich bisher nicht zweifelsfrei nachweisen. Ihre Herkunft muß nicht immer mit dem Zentrum zusammenfallen, in dem heute die meisten Sorten anzutreffen sind.

Manchmal gedeihen Pflanzen in einer anderen Umgebung besser als in ihrem ursprünglichen Lebensraum. Dessenungeachtet gibt die Tabelle 1 einen Überblick über die vermuteten ursprünglichen Zentren der wichtigsten Nutzpflanzen. Letzten Endes läßt sich die genetische «Heimat» einer Pflanze jedoch wohl am besten mit dem Gebiet gleichsetzen, in der sie von den Bauern früherer Zeiten am erfolgreichsten kultiviert wurde.

In der gesamten Menschheitsgeschichte war jeder Subsistenzbauer zugleich auch aktiver und zielbewußter Pflanzenzüchter. Die heutige Tendenz, die historische Leistung der Bauern der Dritten Welt unterzubewerten, ist ärgerlich. Jack Harlan von der University of Illinois und Garrison Wilkes von der University of Massachusetts, die zu den besten Kennern der internationalen Sammlungen gezählt werden können, waren vom planmäßigen Vorgehen der traditionellen Züchter in der Pflege ihrer Sorten überrascht. Auch staatliche Institutionen engagierten sich schon vor Jahrtausenden auf diesem Gebiet. Die erste bekannte Auslandsexpedition führte die ägyptische Königin Hatschepsut 1570 v. Chr. durch; sie ließ im Lande Punt (dem heutigen Somalia) nach Weihrauch suchen.[11] Bereits im 11. Jahrhundert züchteten die chinesischen Sung-Kaiser frühreifenden Reis – der aus Indo-Burma importiert worden war – und reduzierten den Zeitraum von der Aussaat bis zur Ernte von 180 auf 100 Tage. Vor eineinhalb Jahrhunderten waren die chinesischen Züchter bei einer Wachstumsperiode von 35 Tagen (nach dem Versetzen) angelangt; zudem waren mehrere kurzwüchsige Sorten im Entstehen.[12]

2. Das Ausmaß der wechselseitigen Abhängigkeit

Die wechselseitigen Abhängigkeiten in der Welternährung lassen sich am besten an einem kurzen Blick auf die Züchtungsgeschichte der nordamerikanischen Weizensorten aufzeigen. Jack Harlan: «Der Ursprung des Weizens konnte bis ins polnische Galizien zurückverfolgt werden; von dort kam er über Deutschland und Schottland nach Kanada, wo aus einer einzigen Selektion von David Five in Ontario die Sorte ‹Red Five› hervorging. C. E. Saunders, ebenfalls Kanadier, kreuzte ‹Red Five› mit dem indischen ‹Hard Red Calcutta› und erhielt die Sorte ‹Marquis›.»[13] Die kanadischen Prärien wären ohne die Einführung dieser Sorte gegen Ende des letzten Jahrhunderts nie zu einer der Kornkammern der Erde geworden. 1978 säten die kanadischen Weizenfarmer auf über 55% ihrer Felder eine andere Sorte aus – «Neepawa» – sie ist durch Einkreuzung der Sorte «Kenyan Farmer» entstanden. Insgesamt stammen heute 76% des kanadischen Buchweizens von dieser ostafrikanischen Sorte ab.[14] Diese Situation ist jedoch keineswegs nur beim Weizen typisch. Der kanadische «Harmon»-Hafer enthält Gene aus Ägypten, Sibirien und Frankreich; die Gerstensorte «Bonanza» geht auf mandschurische, türkische und finnische Sorten zurück.

In den frühen siebziger Jahren veröffentlichte das US-Landwirtschaftsministerium (USDA) einen kurzen Überblick über die Abhängigkeit Nordamerikas von den genetischen Ressourcen der Dritten Welt.[15] Unsere heutigen Gurkensorten gehen beispielsweise fast ausnahmslos auf genetisches Material aus Korea, Burma und Indien zurück.[16] Insbesondere Kanada hängt von drei burmesischen Zuchtlinien ab. Der kanadische «Butterking»-Salat stammt aus Palästina, während das Erbmaterial vieler amerikanischer Sorten aus der Türkei stammt.[17]

Die in den USA am häufigsten angebaute Bohnenspezies enthält krankheitsresistente Erbanlagen aus Mexiko, Syrien, der Türkei, Chile und aus El Salvador.[18] Die Erbanlagen für Krankheitsresistenzen der verbreitetsten Erbsensorte stammen aus Peru, dem Iran, der Türkei, Griechenland und Italien. «Auf das heftige Dringen der Industrie» kämmten, wie das US-Landwirtschaftsministerium berichtete, Explorationsgruppen in den Jahren 1969/70 die ganze Welt nach winterfesten, trokkenheits- und krankheitsresistenten Erbsensorten ab.[19] Derselbe Bericht wies darauf hin, daß die amerikanische Spinatindustrie «wiederholt» durch Neueinführungen aus Indien, dem Iran, der Türkei, der Mandschurei und Belgien vor Ertragseinbrüchen bewahrt worden sei. Die iranische Sorte «P. I. 140467»[20] lieferte beispielsweise die Erbanlagen für Krankheitsresistenzen des in Kalifornien angebauten Spinats.[21]

Der Grund für diese weltweite Suche nach bestimmten Erbanlagen besteht nicht etwa darin, daß die Bauern der Dritten Welt sich speziell darum bemüht hätten, Sorten zu züchten, die gegen in Australien oder Nordamerika verbreitete Krankheiten resistent sind, sondern vielmehr darin, daß die schmale genetische Basis der westlichen Welt kaum eine Chance zur Abwehr dieser Krankheiten bietet. Es wird ständig neues genetisches Material zur Fortsetzung des Kampfes gegen die ständig mutierenden Schadinsekten und Krankheitserreger benötigt; Material, das nicht nur aus den ursprünglichen «Zentren» stammt.[22] Australien beispielsweise verdankt die nordamerikanische Tomatenindustrie vieles, obwohl das eigentliche genetische Zentrum in Mexiko liegt. Die US-amerikanischen Tomaten wurden auch mit Genmaterial aus Rußland und Puerto Rico verbessert.[23] Die bakteriell verursachte Tabakwelke beim Virginia-Tabak ist durch Einzüchtung einer kolumbianischen Sorte endgültig gestoppt worden,[24] und das üppige Bermuda-Gras, das die amerikanischen Vorgärten, Golfplätze und Friedhöfe ziert, stammt aus Südafrika.[25]

Besonders an den Hauptgetreidearten läßt sich die Schwäche der genetischen Basis Nordamerikas illustrieren. 1973 fanden Forscher der Purdue University bei zwei äthiopischen Sorten die benötigten Erbanlagen zur Verbesserung von Sorghum.[26] Gäbe es keinen «P. I. 178383», einen Weizen, der 1948 von Harlan aus der Türkei in die pazifischen Nordwestprovinzen gebracht wurde, würden die US-amerikanischen Weizenfarmer jährlich mindestens drei Millionen Dollar durch Gelbrost verlieren.[27] Die Luzernensorte «AWPX 3» geht auf 32 Klone[28] aus neun verschiedenen Ländern (einschließlich Saudiarabien und Afghanistan) zurück.[29] Als vor einigen Jahren Rost die Haferernte der kanadischen Prärie bedrohte, fanden Wissenschaftler der University of Manitoba in neuem Erbmaterial aus Nordafrika die nötigen Resistenzgene.[30]

Besonders die Gerste war nur schwer an den nordamerikanischen Kontinent anzupassen; die Krankheitsresistenz verdankt sie hauptsächlich algerischem Genmaterial, neuere Sorten enthalten jedoch auch Erbanlagen aus Ägypten, Rußland und China. Die Mehltauresistenz der Gerste stammt aus der Mandschurei, während der Gelbverzwergungsvirus, eine neue Krankheit, nur durch die Einzüchtung eines einzigen Gens aus Äthiopien abgehalten wird. Würde der Gelbverzwergungsvirus zu einem echten Problem, hinge die Gersteernte der ganzen Welt von diesem einen äthiopischen Gen ab.[31]

Wenn Sie sich heute zum Abendessen hinsetzen, wird nichts auf Ihrem Teller sein, das nicht direkt oder indirekt aus der Dritten Welt zu Ihnen gekommen wäre. Unser Ernährungssystem ist weitaus außenabhängiger, als wir alle uns das je vorgestellt hätten. Wenn irgend etwas geschieht, das die genetische Vielfalt der Dritten Welt vermindert oder es der Alten Welt unmöglich macht, das erforderliche genetische Material zu bekommen, wäre damit aus der Möglichkeit einer weltumspannenden Ernährungskrise eine jederzeit real drohende Gefahr geworden. Es liegt auf der Hand, daß die «gen-armen» Nationen abseits der Wawilowschen Zentren ständig auf die genetische Hilfe der Dritten Welt angewiesen sind.

Tabelle 2: Herkunft des genetischen Materials von in den USA wichtigen Pflanzenarten

Pflanzenart	Herkunft überwiegend aus:
Mais	Einheimischer Hart- und Zahnmais – eigene Weiterentwicklung
Sojabohne	Nord- und Ostchina, Korea, Japan
Luzerne	Chile, Deutschland, Rußland, Indien, Frankreich, Peru, Ägypten
Weizen	Nordeuropa, Indien, Rußland, Italien, Australien
Baumwolle	Mexiko, Bahamas, Ägypten
Tabak	Südamerika, Westindische Inseln
Sorghum	Ägypten, Sudan, Natal/Südafrika
Kartoffel	Europa
Apfelsine	Azoren, Brasilien – eigene Weiterentwicklung
Reis	Honduras, Japan, Philippinen, Madagaskar
Tomate	England, Frankreich – eigene Weiterentwicklung
Erdnuß	Spanien, Brasilien
Hafer	Mexiko, Uruguay, Rußland, Australien
Gerste	Mexiko, Schottland, Deutschland, Rußland, Balkan, Türkei
Zuckerrübe	Europa

Quelle: Jack Harlan [unveröffentliches Manuskript]

Kapitel 2
Genetische Erosion

«In den siebziger Jahren entdeckten wir mit einem Mal mexikanische Bauern, die Hybridmais aus einer Saatgutfirma des Mittleren Westens anpflanzten, tibetanische Bauern, die Gerste aus einer skandinavischen Pflanzenzuchtanstalt anbauten, und türkische Bauern, die Weizen aus dem mexikanischen Programm auf ihren Feldern hatten. Jedes dieser klassischen Gebiete mit großer genetischer Nutzpflanzenvielfalt wird über Nacht zur genetischen Einöde.»

Garrison Wilkes, Boston, Mass., 1977

«Der Prozeß stellt insofern ein Paradoxon sozialer und ökonomischer Entwicklung dar, als das Produkt einer Technologie (auf Ertrag und gleichförmige Qualität gerichtete Pflanzenzucht) die Ressourcen vernichtet, auf denen sie selbst basiert.»

US National Academy of Sciences, 1978

1. Der Erosionsprozeß

Wie im vorigen Kapitel bereits erwähnt, ist die genetische Vielfalt der Dritten Welt bereits erheblich zurückgegangen. Die fortgesetzte Zerstörung der Wawilowschen Zentren wird schließlich zu einer höheren Uniformität des vorhandenen Genmaterials und einer gesteigerten Anfälligkeit der Hauptnutzpflanzen der Erde führen. J. G. Hawkes (University of Birmingham) hat diesen Vorgang des Verschwindens von im Lauf von Jahrhunderten angesammeltem Erbmaterial als genetischen Massenmord bezeichnet[1]; Jack Harlan spricht von «Kahlschlag», und die FAO[2], bedächtiger in der Wortwahl, von «Erosion».[3] Mindestens schon seit dem Zweiten Weltkrieg ist warnend auf diese Situation aufmerksam gemacht worden; niemand jedoch wollte die Warnungen hören, bis die amerikanische Maisernte 1970 aus heiterem Himmel von einer neuen Blattfleckenkrankheit[4] dezimiert wurde; in den südlichen Staaten der USA sank der Ertrag auf die Hälfte des Üblichen. Auf einen Schlag wurde allen die genetische Armut der Ersten Welt bewußt. William Caldwell von der USDA kommentierte die Lage so: «Wir sind jahrelang fett, apathisch und glücklich auf unserem Hintern gesessen

... die Hybridzüchtungen bewährten sich – da schlug auf einmal diese Krankheit zu. Wir glaubten nicht, daß so etwas passieren könnte, aber es passierte eben doch.»[5] Eine Krankheit, die acht Jahre zuvor erstmals auf den Philippinen festgestellt worden war, ging plötzlich zum Angriff auf das Texas-Zytoplasma über, das fast alle im Süden angebauten Hybridsorten aufwiesen.[6] Die Vielfalt der Sortennamen bei Mais hatte die genetische Gleichförmigkeit der Konzernzüchtungen verschleiert. Seit dieser Zeit liegen enttäuschte und aufgebrachte Farmer mit etlichen dieser Firmen im juristischen Streit um Entschädigung.[7]

Die genetische Vielfalt der Pflanzenwelt ist keine feste Größe; es herrscht ein ständiges Werden und Vergehen. Es muß niemanden auf die Barrikaden treiben, wenn genetisches Material, das letztlich zur Verbesserung der Hauptnutzpflanzen hätte dienen können, in geringen Mengen verschwindet; dies war schon immer so. Was jedoch Besorgnis erregen muß, ist die massive, gründliche Ausrottung unersetzlichen Zuchtmaterials auf tausenden Quadratkilometern Ackerland. Diesen Vorgang bezeichnet der Begriff der «genetischen Erosion». Der Biologe Thomas Lovejoy schätzt, daß bis zum Ende dieses Jahrtausends ein Sechstel der lebenden Arten der Erde untergegangen sein wird.[8] George M. Woodwell, ebenfalls Biologe, hält die genetische Erosion für «eine der großen Fragen unserer Zeit ... mindestens so wichtig wie der Atomwaffensperrvertrag ... letzten Endes gibt es nur eine Ressource – die Flora. Es gibt keine andere. Und wir sind dabei, sie zu zerstören.»[9] Peter Raven – der Direktor des Botanischen Gartens von Missouri – schätzt, daß jede untergehende Pflanzenart zwischen zehn und dreißig andere Arten pflanzlichen oder tierischen Lebens zum Aussterben verurteilt, die diese zum Überleben brauchen.[10] Die Liste der gefährdeten Arten verzeichnet inzwischen zehn Prozent des einheimischen pflanzlichen Lebens von Nordamerika; und in Europa ist die Lage keineswegs weniger kritisch.[11]

Genetische Erosion bedeutet weitaus mehr als einen nur theoretischen Verlust für zukünftige Wissenschaftler. An die örtlichen Bedingungen angepaßte Formen gehen sowohl für den direkten Anbau wie auch für die weitere Züchtung verloren. So ist es unzähligen afghanischen Weizensorten ergangen, als die Nahrungsmittelhilfe des Auslands die Bauern dazu verleitete, ihr altes Saatgut aufzuessen.[12] «Die genetische Mannigfaltigkeit eines Jahrtausends, die sich bei einer Art ausgebildet hat, kann ganz wortwörtlich in einer einzigen Schüssel Brei verschwinden.»[13] Erna Bennett von der FAO-Abteilung für die Ökologie der Nutzpflanzen weiß ähnliches über das Schicksal griechischer Weizensorten zu berichten; dort verdrängten ergiebige Flachlandsorten die nach Vätersitte produzierenden Bergbauern – und deren Sorten – aus dem Markt. Unschätzbares Zuchtmaterial – wichtig für Australasien, Argentinien, Frankreich und Nordamerika – verschwand ganz einfach.[14] In einem vor einigen Jahren in der Zeitschrift *Ceres* erschienenen Interview berichtete Jack Harlan über seine eigenen Erlebnisse in der Türkei, wo er auf buchstäblich tausende Sorten Flachs stieß, die auf der kilikischen Ebene angebaut wurden. Als er nach zwanzig Jahren wieder in diese Gegend kam, gab es nur noch eine Sorte – aus Argentinien importiert.[15] Diese Beispiele belegen eindrücklich, daß immer mehr einheimische Kultursorten mit zunehmender Geschwindigkeit unwiderbringlich verloren gehen.

2. Die Lehren der Geschichte

Die genetische Einheitlichkeit einer Nutzpflanze lädt Epidemien geradezu dazu ein, die Ernte zu zerstören. Die Einheitlichkeit selbst kann Ergebnis der Marktmechanismen (Eignung für maschinelle Ernte und Verarbeitung etc.), sie kann aber genausogut die Folge fehlender genetischer Vielfalt in der Zucht sein. In dem Maß, wie die Erosion an den Wawilowschen Zentren nagt, wächst die Gefahr von Nutzpflanzenepidemien in der industrialisierten Welt. Die Blattfleckenepidemie bei Mais in den Südstaaten der USA ist nur das jüngste Beispiel einer langen Reihe von Epidemien, die allen Kontinenten gemein ist.

Der dramatischste Fall in der westlichen Welt war die Vernichtung der irischen Kartoffelernte in den späten vierziger Jahren des letzten Jahrhunderts, die zu einer Hungerkatastrophe führte. J. G. Hawkes verfolgte die katastrophale Kartoffelseuche in einem Vortrag auf einem europäischen Zucht-Symposium vom Sommer 1978 auf ihren Ursprung in Südamerika zurück.[16] Englische Forscher kehrten im 16. Jahrhundert mit nur einer einzigen Kartoffelvarietät von den Küsten der Karibik zurück. Diese Varietät, die im gesamten nördlichen Europa angebaut wurde, mußte vor allem wegen ihrer genetischen Einförmigkeit von einer Seuche befallen werden; wann, war nur eine Frage der Zeit. Innerhalb bemerkenswert kurzer Zeit verloren die Iren ihre Hauptnahrungsquelle; die Folge waren mindestens zwei Millionen Hungertote und ebenso viele zur Auswanderung Gezwungene.[17] Obwohl seitdem in der Diversifizierung der Kartoffelsorten sichtbare Fortschritte gemacht wurden, ist Europa in dieser Hinsicht nach wie vor gefährdet und braucht zusätzliches genetisches Material.

Der Kaffeerost hat die Ernten in Sri Lanka, Indien, Java, Malaysia, den Philippinen und einem Dutzend afrikanischer Länder zerstört. Epidemien sind in der Tat in den Plantagen der Dritten Welt, wo westliche Firmen für den Export in die Industrieländer anbauen lassen, gang und gäbe. Um die Jahrhundertwende war die «Panama-Bananenkrankheit» überall auf den Westindischen Inseln verbreitet. Der «Mosaik-Virus» befiel in den zwanziger Jahren die Zuckerrohrpflanzungen; 1926 vernichtete er die Ernte in Louisiana. Die Krankheit konnte nur durch Einzüchtung einer wilden Zuckerrohrart aus Java zurückgedrängt werden. «Hexenbesen» zerstörte Kakaoernten solange, bis neue, wilde Arten zur Züchtung benutzt wurden; und der «Mosaik-Virus» suchte auch Tabakpflanzungen wiederholt heim, bis durch Einzüchtung kolumbianischer Erbanlagen eine gewisse Resistenz hergestellt worden war.[18]

Die Sortenverarmung wirkt sich jedoch nicht nur auf die für den Export bestimmten Ernten der Entwicklungsländer aus. P. John beschrieb 1974 in einem Artikel für die Zeitschrift *Ecologist* die Auswirkungen der Verwendung von ertragreichem Hybridmais in Sambia. Die für den Markt produzierenden Betriebe dieses Landes erzeugen in der Regel 90% des sambischen Eigenbedarfs. 1974 befiel ein neuer Pilz die Maisfelder; 20% der Hybriden erkrankten, aber der Schaden bei den traditionellen Landsorten, die von den Kleinbauern auf den Dörfern angebaut wurden, war verschwindend gering.[19] Ein Jahr, nachdem die Blattfleckenkrankheit den Maisanbau in den Vereinigten Staaten heimgesucht hatte,[20] wütete eine weitaus schlimmere Krankheit auf den indischen Perlhirsefeldern. Auch hier handelte es sich wieder um eine ertragreiche Hybridsorte von hoher genetischer Einheitlichkeit. Das Sterilität hervorrufende Zytoplasma war dem Angriff einer neuen Rasse des Falschen Mehltaus wehrlos ausgesetzt. Seit 1971 hat die Krankheit die Perlhirse jedes Jahr teilweise befallen. K. M. Safeeulla (Mysore) schreibt in einem Bericht über diese Tragödie aus dem Jahr 1977, daß die Blattfleckenseuche in den USA zwar eine «Kettenreaktion» auslöste, die «letztlich zu einer Aufwärtsbewegung der Preise» geführt habe. Der Ausfall der Perlhirse-Ernte jedoch habe für Indien «Hungersnot, Getreideimporte und ruinöse Devisenabflüsse» bedeutet.[21]

Die im Westen bekannteste Katastrophe ist das sogenannte «Ulmensterben». Die Krankheit wird in Nordamerika «Dutch elm disease» genannt, weil sie mit aus Frankreich und Holland importierten, befallenen Bäumen ins Land kam.[22] Die genetische Anfälligkeit der Weinstökke hat in den USA und Europa zu ähnlichen Sorgen geführt. Die Franzosen zum Beispiel haben immer neue Epidemien in ihren Weingärten hinnehmen müssen. Auch hier heißt der Schuldige: genetische Uniformität.[23]

Der Weizen hat eine besonders lange Krankheitsgeschichte. Dem römischen Gott Robigus wurde bereits 700 vor Chr. der Schutz der Weizenfelder vor dem Mehltau anvertraut. Die Rostkrankheiten beim Weizen hatten die französischen Felder jahrhundertelang verwüstet; mindestens einmal in zehn Jahren bedrohten sie bis zum 18. Jahrhundert die Versorgung mit Weizen derart stark, daß die Vorbedingungen für eine Hungersnot erfüllt waren. In Nordamerika vernichtete der Schwarzrost 1916 zwei Millionen US-amerikanischen und eine Million Bushel kanadischen Weizens; 1917 wurden daher zwei «weizenfreie Tage» pro Woche proklamiert.[24] 1926 wurde in Dakota der «Ceres»-Weizen entwickelt, um den Rostbefall des Sommerhartweizens abzuwehren. Im Jahr 1934 war bereits 35% des ausgesäten Sommerweizens «Ceres»-Weizen. 1935 zerstörte eine Mutante des Rosts die Ernte.[25] 1953 kehrte der Weizenstengelrost in die USA und nach Kanada zurück und eliminierte 65% der Hartweizenernte. In bestimmten Gebieten Nordamerikas gingen Anfang bis Mitte der siebziger Jahre bis zu 75% der Hartweizenernte und zugleich etwa 25% der Backweizenernte verloren.[26] Michael Allaby beschreibt die Ursache so: «Über Nacht war extreme Resistenz einer extremen Krankheitsanfälligkeit gewichen.»[27] Der Gelbrost befiel 1974 das Sacramento-Tal und verursachte stellenweise einen Totalverlust der Sommerweizenernte. Das CIMMYT (internationales Mais- und Weizenforschungszentrum) in Mexiko ist im Kampf der kalifornischen Bauern gegen den Rostbefall zur wichtigsten Bezugsquelle für Zuchtmaterial geworden.[28] Heute werden sowohl in den Vereinigten Staaten wie in Kanada «Pitic»-Weizenvarietäten angebaut, die in Mexiko entwickelt wurden.

3. Die Lehren der Gegenwart

Im Gefolge der Blattfleckenseuche bei Mais von 1970 gab die Akademie der Wissenschaften der USA (NAS) zwei Studien heraus. 1972 erschien die erste, von einem Komitee unter dem Vorsitz von James D. Horsfell erstellte Studie unter dem Titel *Genetic Vulnerability of Major Crops*.[29] Der Bericht mündete in der Feststellung, daß die amerikanischen Nutzpflanzen «in beeindruckendem Maß genetisch einheitlich und krankheitsanfällig» seien. Das Komitee bemerkte hierzu: «Diese genetische Einheitlichkeit ist die Folge starker ökonomischer und gesetzgeberischer Einflüsse.»[30] Die genetische Verwundbarkeit einiger ausgewählter Nutzpflanzen in den USA und Kanada ist aus Tabelle 3 zu ersehen. Auch für Australien ließen sich mit einiger Sicherheit ähnliche Zahlen erstellen.

1978 erschien der zweite Bericht der NAS: *Conservation of Germ Plasm Sources: An Imperative*. Seine Herausgeber warnten die Wissenschaftler nochmals eindringlich vor den Gefahren der «Erosion» und bekräftigten die Ergebnisse der ersten Studie. Ein Jahr nach Erscheinen des Be-

Tabelle 3: Genetische Verwundbarkeit ausgewählter Nutzpflanzen in den USA und Kanada

Kanada

Pflanze	Sorten	% der Anbaufläche
Backweizen	4	75,9
Flachs	4	92,3
Raps	4	95,8
Hafer	4	65,1
Gerste	3	63,7
Roggen	4	80,5

USA

Pflanze	Sorten	% der Anbaufläche
Hirse	3	100
Baumwolle	3	53
Sojabohne	6	56
Trockenbohnen	2	60
Grüne Bohnen	3	76
Erbse	2	96
Mais	6	71
Kartoffel	4	72
Süßkartoffel	1	69

Quellen: The Prairie Pools: Crop Acreage Report, 1976; US National Academy of Sciences, 1972.

richts äußerte sich die Vorsitzende dieses Komitees, Elizabeth Russell, zur derzeitigen Lage mit vorsichtigem Optimismus;[31] dagegen meinte Horsfell, als er 1979 auf das Problem angesprochen wurde, daß in der Zwischenzeit keine Besserung sichtbar geworden sei.[32]

Bei den für den Export bestimmten landwirtschaftlichen Produkten, die für die Länder der Dritten Welt so überaus wichtig sind, hat sich die Lage jedoch unzweifelhaft noch verschlechtert. Michael Allaby berichtet, daß die East Malling Research Station und das Wye College (Universität London) Kokosnußsamen klonen, um dessen Vermehrung zu beschleunigen. Schon in naher Zukunft besteht die Möglichkeit, daß die Kokosnußplantagen Asiens samt und sonders genetisch identische Bäume besitzen, was sie extrem krankheitsanfällig machen wird.[33] Ähnliche Experimente werden an Ölpalmen unternommen; man versucht, kürzere und schnellwüchsigere Bäume zu züchten.[34] In ihren Jahresberichten für 1977 betonten sowohl Firestone Tire wie auch

Goodyear (große Reifenkonzerne und Gummiverarbeiter) die Wichtigkeit der Anpflanzung neuer, ertragreicher Gummibäume in ihren Plantagen, die von Brasilien bis Indonesien über die ganzen Tropen verteilt sind. Die multinationalen Konzerne, denen solche Plantagen gehören und die deren Produkte auf den Markt bringen, können aus ihren genetisch identischen Plantagen so lange genug herausholen, wie ihre Bezugsquellen auf verschiedene Länder und Kontinente verteilt sind – Kokosnußpflanzungen beispielsweise auf Malaysia, Indonesien und Sri Lanka. Eine Epidemie in einem Land muß die Ernte in einem anderen Land nicht notwendigerweise beeinflussen. Diese Art der Pflanzenzucht kommt jedoch den Ländern der Dritten Welt, die von ihr betroffen sind, nicht unbedingt zugute.

Welche Entwicklungen trafen im letzten Viertel des zwanzigsten Jahrhunderts zusammen und zerstörten die Wawilowschen Zentren? C. Doorsman von der Wageninger Gen-Bank in Holland machte auf unsere Frage die Verstädterung, Entwaldung und Überweidung sowie die Einführung neuer Hochertragssorten im Rahmen der Grünen Revolution dafür verantwortlich.[35] Der Weizen beispielsweise – die wichtigste Getreideart der Welt – scheint in einzigartiger Weise und in höchstem Maß bedroht.[36] Die Weizen-Gen-Erosion nahm mit dem Fortschreiten der Grünen Revolution – bis Mitte der siebziger Jahre – im Nahen Osten einen derart schnellen Verlauf, daß Erna Bennett und andere Wissenschaftler von der FAO den Totalverlust des Zentrums Naher Osten zum Ende der achtziger Jahre befürchten.[37] Dieser Verlust könnte bereits zu Beginn des nächsten Jahrhunderts für die Weltweizenernte entsetzliche Folgen haben.

4. Wilde Arten

Wäre bekannt, daß die Pflanzenarten, die in zunehmendem Maß verschwinden, bedeutungslos sind, wäre dies für die Bauern der ganzen Welt eine gewisse Beruhigung. Das Problem besteht vereinfacht ausgedrückt darin, daß die Erde hunderttausende wildwachsende Pflanzenarten verliert, von denen einige nahe Verwandte der kultivierten Arten sind. Ihr Untergang könnte einen direkten Einfluß auf die langfristige Überlebensfähigkeit der Nahrungsquellen haben.

Einer der wenigen tropischen Koniferenwälder der Erde – im guatemaltekischen Hochland – ist, wie der Forstfachmann Thomas Veblan berichtet, am Rand des Untergangs, bevor die in ihm schlummernden ökonomischen Möglichkeiten überhaupt erforscht werden können. In seiner Arbeit aus dem Jahre 1976 kommt Adrien Somer zu dem Schluß, daß jedes Jahr ein Waldgebiet von der Größe Kubas zerstört wird; 40 % der tropischen Feuchtwälder der Erde sind bereits vernichtet.[38] Rücksichtsloses Abholzen – oft durch Großfirmen – ist von FAO-Verantwortlichen als Hauptursache für diesen Vorgang benannt worden. Der Vizegeneraldirektor der FAO, K. F. S. King, hat 1975 in einer mutigen Rede vor dem American Paper Institute den gerechten Zorn der Länder der Dritten Welt über die Holzindustrie artikuliert: «... Sie haben zugesehen, wie manche in ihren Ländern tätige Firmen enorme Dividenden ausschütteten und zugleich versäumten, ihren Völkern eine wie auch immer vergleichbare Entwicklung zugute kommen zu lassen; sie haben sehr wohl bemerkt, daß bestimmte ausländische Firmen ihre Wälder und andere natürliche Ressourcen rücksichtslos ausgeplündert und verwüstet haben und diese Länder nach Vollendung ihres zerstörerischen Werks noch ärmer zurückließen, als sie es vor ihrer Ankunft waren. Diese Vorwürfe haben sie sich nicht aus den Fingern gesogen. In fast jedem Entwicklungsland finden sich Beispiele.»[39] Im Bewußtsein, daß Babylon nicht durch Krieg, sondern durch das Abholzen seiner Wälder unterging, beginnen waldreiche Länder wie Malaysia, Indonesien und Brasilien ihre angeblich «erneuerbaren» Ressourcen mit anderen Augen zu betrachten.[40]

Die Welt ist auf die wildwachsenden Pflanzen nicht nur im Blick auf Schutz und Nahrung angewiesen, sondern auch im Bereich der modernen Medizin und Pharmakologie. Eine US-amerikanische Studie aus dem Jahre 1967 brachte zutage, daß volle 25 % aller auf dem amerikanischen Markt verkauften Arzneimittel direkt aus Pflanzen gewonnen werden. Das entspricht einem Wert von drei Milliarden Dollar pro Jahr. Eine Anschlußstudie, die 1978 durchgeführt wurde, kam zu dem Schluß, daß dieser Prozentsatz im Lauf dieses Jahrhunderts nicht verringert werden kann.[41] Nimmt man Mikroben und Tiere dazu, werden sogar über 40 % der amerikanischen Arzneimittel aus der Natur gewonnen.[42] In einem anderen Bericht wird bemerkt: «Die kleinste Bakterie kann im Lauf ihrer kurzen Existenz mehr organische Verbindungen produzieren als alle Chemiker der Welt zusammen.»[43] Zur Überraschung vieler ist auch die moderne Medizin in großem Umfang auf pflanzliches Ausgangsmaterial angewiesen.

Abhängigkeit von Pflanzen bedeutet Abhängigkeit von der Dritten Welt. Alkaloidhaltige Pflanzen kommen in den Tropen doppelt so häufig vor wie in den gemäßigten Zonen. Die für die Medizin unschätzbaren Alkaloide sind bisher nur bei 40 % aller bekannten Arten untersucht worden. Tansania allein liefert über 500 Pflanzen, die heute vorwiegend in der chinesischen Medizin verwendet werden und in der westlichen Welt großenteils noch nicht auf ihre Wirkung untersucht sind. In der Erkenntnis, daß die Heilpflanzen – besonders auf den Philippinen – be-

Tabelle 4: Die wichtigsten Pflanzen für die Pharmagewinnung

Pflanze/Wirkstoff	Herkunft	Indikation
Brechwurzel	Brasilien	Amöbenruhr
		Auslösung von Brechreiz
Myrrhe	Äthiopien	Adstringens
		Entzündungen in Mund und Rachen
Herbstzeitlosensamen	Italien	Gicht
Herbstkrokus	Italien	Gicht
Perubalsam	El Salvador	Geschwüre der Haut und Hämorrhoiden
Rhabarberwurzel	Indien	Abführmittel
Psyllium-Samen	Indien	Abführmittel
Aloe	Kariben	Schmerzlinderung
Amer. Faulbaumrinde	USA	Abführmittel
Sennesblätter	Ägypten	Abführmittel
	China	Wurmmittel
Maiapfel	USA	Krebstherapie
Madagaskar-Singrün	Indien	Hodgkinsonsche Krankheit
		Leukämie bei Kindern
Rauwolfia-Wurzel	Afrika	Bluthochdruck
Coca-Busch	Südamerika	Schmerzmittel
Curare	Südamerika	Muskelrelaxans zur Operationsvorbereitung
Quabain	Afrika	Herzstimulans
Kalabarbohne	Westafrika	Grüner Star
Rizinus	Ägypten	Rizinusöl
Violetter Fingerhut	Großbritannien	Digitalis-Herzmittel
Faskorn	Nigeria	Magenmittel
Nachtschatten	Mittlerer Osten	Augenrelaxans
Bilsenkraut	Mittlerer Osten	Augenrelaxans
Alraune	Mittlerer Osten	Augenrelaxans
Stechapfel	Mittlerer Osten	Augenrelaxans
Ephedrin	China	Heuschnupfen
		Hypotonie
Chinarinde	Anden	Malaria

Quelle: Aikman, L., Nature's Gift to Medicine, erschienen in National Geographic, September 1974.

droht sind, begannen internationale Einrichtungen seit dem Sommer 1978, über tausend Heilpflanzen zu sammeln. Die Wichtigkeit dieser Arbeit läßt sich etwa an der Kermesbeere demonstrieren. Die chemischen Bestandteile dieser Pflanze können die Menschheit möglicherweise von der Bilharziose befreien – einer Krankheit, an der heute in der Dritten Welt über zweihundert Millionen Menschen leiden.[44]

Die Grüne Revolution hat die Ertragsfähigkeit einiger Hauptnutzpflanzen drastisch erhöht. Die Bewahrung des Gen-Bestandes hätte jedoch in den Zuchtprogrammen stärker berücksichtigt werden müssen, weil der genetische Reichtum eines Gebietes innerhalb weniger Jahre unter dem Produktionsdruck einer einzigen importierten Sorte unwiederbringlich verschwinden kann. Bevor wir die legislativen und wirtschaftlichen Ursachen der Gen-Erosion näher untersuchen, werden wir uns den Aktivitäten zuwenden, mit deren Hilfe dem Verschwinden unersetzlichen genetischen Materials Einhalt geboten werden soll.

Kapitel 3
Erhaltung des Genbestands

«Es wäre ein schöner Gedanke, daß die ganze Vielfalt an Genen, die wir jemals benötigen könnten, sicher in Gen-Banken gelagert wäre. Unglücklicherweise kann man davon kaum reden. Das National Seed Storage Laboratory wurde immer stiefmütterlich behandelt – sein Budget ist in den fünfzehn Jahren seit seiner Gründung nicht einmal erhöht worden.»

Jack Harlan, University of Illinois, 1975

«Der ausgeprägte Mangel an finanzieller Unterstützung bereitet uns dauernd Schwierigkeiten. Die finanziellen Mittel, die wir brauchen, sind im Vergleich zu den Summen, die die Menschheit weit weniger konstruktiven Zwecken widmet, verschwindend gering.»

Sir Otto Frankel, Canberra, 1969

«Unsere Regierungen – die der Provinzen wie die des Bundes – haben bisher kein merkliches Interesse gezeigt, von Ermutigung oder finanzieller Unterstützung unserer Forschung im Bereich der Entwicklung von Sammlungstechniken, Konservierung und Dauerlagerung von pflanzlichen Genen ganz zu schweigen.»

S. Jana, University of Saskatchewan, 1979

1. Einrichtungen zur Erhaltung genetischer Ressourcen

Oberflächlich betrachtet scheinen die genetischen Ressourcen von einem stattlichen weltweiten Netz von Gen-Banken, Pflanzenforschungsinstituten, Saatzuchtlaboratorien und Forschungsbudgets geschützt zu sein. Zentrale dieses Netzes ist das IBPGR – das International Board for Plant Genetic Resources mit Sitz in Rom. Es versucht, die regionalen Aktivitäten von acht strategisch auf die wichtigsten Wawilowschen Zentren verteilten internationalen Nutzpflanzenforschungsstationen zu koordinieren. Hinzu kommen rund achtzig nationale Gen-Banken, deren Arbeit vom IBPGR überwacht wird.[1] Das IBPGR, die Stationen und die Banken werden vom National Seed Storage Laboratory (NSSL) in den USA unterstützt. Das NSSL nimmt nach den Verlautbarungen des IBPGR einen Sonderstatus ein, weil es «Material pflegt, das als Grundsammlung für die USA sowie das weltweite Netz der Genforschungszentren dient»[2]. Zu seinem Bestand zählen weltumspannende Mais-, Weizen-, Reis- und Sorghumsammlungen. Dem NSSL vergleichbar ist die N. I. Wawilow – Gen-Bank in der UdSSR – ein Zentrum, das wahrscheinlich eine wesentlich differenziertere Sammlung wilder und kultivierter Arten besitzt.[3]

Die für landwirtschaftliche Forschungszwecke aufgewandten Gelder nehmen sich auf den ersten Blick ebenfalls recht ansehnlich aus. Die FAO berichtete vor der Welternährungskonferenz 1974, daß weltweit jährlich 1560 Millionen Dollar für agrarwissenschaftliche Forschung aufgewandt würden,[4] 85 % dieser Summe allerdings in der westlichen Welt; davon wiederum fließt nur wenig in Sammlungs- und Konservierungsprogramme.[5] Angesichts der realen politischen und finanziellen Beschränkungen spricht jedoch auch das IBPGR nur von den «Anfängen» eines Netzes generhaltender Institutionen.[6]

Internationale Koordination

Man könnte sagen, daß das genetische Schicksal der Welt auf den schmalen Schultern eines mutigen internationalen Kuratoriums ruht, dem IBPGR (International Board for Plant Genetic Resources). Mit sechs Mitarbeitern und einem Etat, der 1979 deutlich unter drei Millionen US-Dollar lag, verdankt das IBPGR seine Existenz der CGIAR (Consultive Group on International Agricultural Research), einer Einrichtung, deren 34 Mitgliedsregierungen zusammen mit den großen amerikanischen Stiftungen – Rockefeller, Ford und Kellogg – unter wohlwollender Aufsicht der Weltbank und des UN Development Programme (UNDP) arbeiten.[7]

Die Hauptaufgabe des IBPGR besteht im Aufbau einer weltweiten Zusammenarbeit. Dies zeigt ein kurzer Überblick über seine Aktivitäten: Aufbau einer internationalen Datenbank (IS/GR – Information Sciences/Genetic Resources Programme); Aufbau eines Ausbildungs- sowie eines Konservierungsprogramms, das heißt Unterstützung des Aufbaus von Genbanken und Grundlagenforschung im Bereich der Genkonservierung; hinzu kommen spezielle Initiativen im Bereich der Konservierung bestimmter Arten und Regionalbestände. Ein großer Teil seiner Arbeit konzentriert sich auf die Wawilowschen Zentren, deren Erforschung und die Bestandserhaltungsprogramme dieser Zentren. Als Mitglied von Aufsichtsgremien verschiedener Organisationen hat das IBPGR außerdem ein Sammlungssystem für besonders ge-

Tabelle 5: Finanzierung des IBPGR im Rechnungsjahr 1977

	Währung	Beitrag
Belgien	Belg. Fr.	2000000
Bundesrepublik Deutschland	DM	100000
Großbritannien	Pfund	45000
Kanada	Kan. $	95000
Niederlande	US $	100000
Norwegen	Nor. Kronen	500000
Saudi-Arabien	US $	10000
Schweden	Schwed. Kr.	1400000
UNEP	US $	100000
USA	US $	200000

Quelle: IBPGR 1977 Annual Report.

fährdete Nutzpflanzenarten eingerichtet. Es ist sicherlich nicht uninteressant, wenn man weiß, daß der Weizen die Dringlichkeitsliste anführt.[8]

Das IBPGR ist eine unabhängige Körperschaft, deren Mitglieder keine Repräsentanten anderer Einrichtungen sind, sondern auf Grund ihrer Eignung gewählt werden. Geographisch entfallen auf Nordamerika drei, auf Europa sechs und auf die Dritte Welt fünf Mitglieder, zu denen noch zwei Vertreter der FAO und des UN Environment Programme (UNEP) kommen. Der Aufsichtsrat tritt zweimal jährlich zusammen; sein Exekutivkomitee tagt viermal jährlich. Dem Aufsichtsrat sind zwei Hauptbeiräte zugeordnet: Ein Komitee übernimmt die Informationsfunktion; und das andere kümmert sich um bestimmte Nutzpflanzen.[9] Die Interessen der auf diesem Gebiet tätigen Konzerne vertreten W. I. Brown (der Präsident von Pioneer Hi-Bred International) als Vorsitzender des wichtigen Crop Germ Plasm Advisory Committee sowie L. N. Branscomb (Vizepräsident und Chefwissenschaftler bei IBM), der im Advisory Committee on the Genetic Resources Communications, Information and Documentation System (GR/CIDS) sitzt.[10] Eine intensive Zusammenarbeit besteht auch mit dem Crop Ecology and Genetic Resource Service der FAO – Plant Production and Protection Division.

Das IBPGR wurde 1974 mit dem äußerst bescheidenen Etat von 570000 US-Dollar gegründet; sein Budget lag noch 1976 unter der Millionengrenze. Wegen seiner Funktion als Koordinationsstelle braucht das Institut für die eigene Arbeit keine besonders umfangreichen Mittel; als Regeletat sind ab 1981 drei Millionen Dollar im Jahr angestrebt.[11] Finanziert wird das IBPGR von neun Regierungen und der

UNEP. Sechs dieser neun Regierungen stammen aus Europa, die übrigen sind die USA, Saudi-Arabien und Kanada. Die Gesamtsumme der Beiträge belief sich 1977 auf 932654 US-Dollar, von denen 65,8% (613791 Dollar) an industrialisierte Länder gingen. Der Löwenanteil entfiel auf die USA (416050 Dollar) als Beihilfe für das Dokumentationsprogramm des NSSL. Da die USA 1977 nur 200000 Dollar einzahlten, kassierten sie in diesem Rechnungsjahr einen Nettoüberschuß von 200000 Dollar.[12]

Die wichtigste Genbank: Fort Collins

In enger Verbindung mit dem IBPGR steht das National Seed Storage Laboratory (NSSL) in Fort Collins, Colorado (USA), das bedeutendste Lagerhaus der Welt für viele wichtige Nutzpflanzen. Das NSSL öffnete seine Pforten im September 1958 mit einem Etat von 450000 Dollar.[13] Bis in die Mittsiebziger wurde dieser Betrag nicht aufgestockt; auch heute läßt seine finanzielle Ausstattung noch zu wünschen übrig.[14] Die gesamte Anlage ist überirdisch gebaut und liegt in der Mitte zwischen einer der größten Munitionsfabriken der USA und einem Kernkraftwerk.[15] Wie wird die Weltzentralbank für Pflanzengene – von ihrer unglücklichen Lage einmal abgesehen – geschützt? Abends wird abgeschlossen, und die Hauspolizei der Colorado State University schaut gelegentlich einmal vorbei. Ein Angestellter hat die Situation einmal mit der eines «wehrlosen Kindes» verglichen und vor allem auf den «völlig fehlenden Schutz vor Bomben und radioaktiver Strahlung» hingewiesen.[16]

Selbst wenn das NSSL nicht gerade das Fort Knox der Pflanzengene ist, wird es von den großen Saatgutzüchtern hoch geschätzt, die ihm «sehr aktives Interesse und große Aufmerksamkeit» entgegenbringen.[17] Dazu trägt besonders bei, daß Zierpflanzen 25% des Gesamtbestands der Bank ausmachen, die ein hohes Profitpotential haben. Im Oktober 1978 schrieb der Direktor des NSSL, Louis N. Baas: «Ich glaube nicht, daß auch nur eine Regierung genügend Mittel bereitgestellt hat, um die Aufgabe in vollem Umfang zu bewältigen. Die Notwendigkeit eines Dringlichkeitsprogramms ist bei einigen Nutzpflanzen besonders gegeben, beispielsweise beim Weizen.»[18] Baas genießt unter den Wissenschaftlern der ganzen Welt wegen seines persönlichen Engagements in der Erosionsproblematik und seiner Anstrengungen, die Dinge «ins Rollen zu bringen» einen ausgezeichneten Ruf.

Die internationalen Forschungsstationen

Die acht internationalen Nutzpflanzenforschungsstationen, die über das IBPGR mit der Weltbank und der CGIAR verknüpft sind, gelten als Schlüsselinstitutionen für die Sammlung und Katalogisierung des in den Wawilowschen Zentren gefundenen Materials. So wichtig diese Rolle sein mag, haben die Stationen unabsichtlich zu dem weitverbreiteten Irrglauben beigetragen, daß sich die Bestandserhaltungsprogramme auf einem hohen Stand befinden. Jahrelang gingen die Pflanzenzüchter in Neuseeland, Frankreich und anderswo in aller Seelenruhe ihrer Arbeit nach, weil sie glaubten, daß sich in diesen Zentren große Dinge tun. Die Zentren haben jedoch schon bei der Erfüllung ihrer Hauptaufgabe, der Entwicklung neuer Sorten, mit erheblichen Schwierigkeiten zu kämpfen. Um wieviel schwieriger muß dann erst die Aufgabe zu erfüllen sein, brauchbare Sammlungen anzulegen. Im Großen und Ganzen tendierten die Sammlungsprogramme zur Überspezialisierung. Harlan merkt dazu an: «Die meisten unserer sogenannten Welt-Sammlungen haben bei den Wildarten traurige Defizite aufzuweisen ... Dem sollte bald abgeholfen werden. Es könnte sonst für viele Nutzpflanzen zu spät sein.»[19] Diese Ansicht teilt auch die amerikanische Akademie der Wissenschaften, die 1978 in einer Studie die Tendenz bedauerte, «daß viele wichtige Aufgaben durch das Raster der bestehenden Projekte fallen, so daß sich keiner dafür verantwortlich fühlt, sie in Angriff zu nehmen»[20].

Teilweise entstehen diese Lücken zwischen den Arbeitsgebieten dadurch, daß in Zentren mit hoher Nutzpflanzenvielfalt Stationen arbeiten, die nur auf eine einzelne Nutzpflanze orientiert sind. Gemüse und andere Nutzpflanzen der Subsistenzwirtschaft, die Hauptgetreidearten ausgenommen, rangieren auf der Liste der Prioritäten am unteren Ende. Doch selbst im Bereich der Hauptnutzpflanzen müßte mehr gesammelt werden. In Indonesien beispielsweise befanden sich, wie S. Sastraradja dem IBPGR mitteilte, etliche ökonomisch wichtige, in den ländlichen Gebieten angebaute Reis- und Sorghumsorten in der Gefahr des Aussterbens, waren aber noch nicht gesammelt.[21] Einer der spektakuläreren Verluste waren die in Bali für Schnitzereien verwendeten Holzarten – der touristische Bedarf führte rasch zum Untergang der Bestände.[22]

In einer 1973 für die FAO durchgeführten Untersuchung listeten führende Experten einen entmutigenden Katalog dringlicher Sammlungsvorhaben auf.[23] E. Kjelluviet wies auf das Aussterben des Einkorn-Weizens in der Türkei hin.[24] Erna Bennett weist warnend darauf hin, daß die Weizensorten des Mittelmeerraums samt und sonders «hoch gefährdet» seien.[25] Im Irak wurden die bodenständigen Sorten bereits durch Importe aus Mexiko ersetzt.[26] Die Getreidesituation in Syrien wurde als ernst bezeichnet.[27] Kjelluviet bezeichnete die Lage der Gerste in der Türkei als besonders ernst und berichtete, daß die Pflanzenzüchter in Kanada und Skandinavien dringend auf weitere Sammlungen warten, während die Lage beim Hafer nicht so dramatisch sei.[28] Weitere Maissammlungen wurden auch in Spanien als dringend erachtet, wo die kommerziellen Hybridsorten die herkömmlichen Arten rasch verdrängen.[29] Ebenso dringend seien weitere Maissammlungen in Mexiko und Guatemala, obwohl das CIMMYT bereits seit dem Zweiten Weltkrieg in diesem Land tätig ist.[30]

Die nationalen Gen-Banken

Die unterste Stufe der Gen-Konservierung bilden die ungefähr sechzig nationalen Gen-Banken, die den nationalen Bestand sammeln und aus den weltweit vorhandenen Beständen das Material besorgen sollen, das ihre Züchter jeweils benötigen. Seit mehreren Jahren schon versuchen die FAO und die UNDP, die Kuratoren der europäischen Gen-Banken in eine gesamteuropäische Bestandserhaltungsstrategie zu integrieren. Viele Länder, darunter auch Kanada, glauben, daß die Amerikaner ein vorbildliches System besitzen. Seit das Sammlungssystem 1898 offiziell eingeführt wurde, haben die amerikanischen Regierungen über 150 Expeditionen nach Übersee finanziell unterstützt, die mehr als 350000 neue Pflanzenvarietäten mitbrachten.[31] Ein Bericht aus dem Jahr 1978 zum «National Plant Germ Plasm System» benennt für die USA elf große Gen-Banken mit einem Gesamtbestand von 276124 Pflanzenvarietäten.[32] Wie das IBPGR sprechen auch die Amerikaner von einem «System», das sich allerdings auf Karten und in Programmen weit besser macht als in Dollars und Cents. Mit fünf bis sieben Auslandsexpeditionen pro Jahr bleiben die Amerikaner weit hinter den von ihnen selbst postulierten Bedürfnissen zurück.[33] Desmond Dolan von der Gen-Bank in Geneva im Staat New York schätzt das Sammlungsbudget der Bundesregierung auf nicht mehr als 35000 bis 40000 Dollar pro Jahr.[34]

Das National Plant Genetic Resources Board trat – nachdem es von der Regierung Carter von Juli 1977 bis Februar 1978 suspendiert worden war – Mitte Mai 1978 wieder in Washington zusammen.[35] Seine Mitglieder waren sehr erleichtert, daß ein Wandel im politischen Klima diese Einrichtung wieder zum Leben erweckt hatte. Charles Adamson von der Gen-Bank in Savannah, Georgia sprach von wachsender Anerkennung von Seiten des amerikanischen Landwirtschaftsministeriums, mahnte jedoch: «... Die Einrichtung selbst befindet sich im Nieder-

Karte 2: Die wichtigsten internationalen Forschungsstationen
Quelle: IBPGR 1977 Annual Report.

gang. Ich bin der Ansicht, daß die Handlungsfähigkeit der Regierung auf diesem Gebiet stets von einem Mangel an Bereitschaft beeinträchtigt wird, Prioritäten zu setzen.»[36] Es sei daher von anderen Ländern nicht gerade klug, sich in der Frage der Erhaltung des globalen Gen-Bestands nur auf die USA zu verlassen.

Im Vergleich zu seinem nördlichen Nachbarn ist das US-System jedoch geradezu vorbildlich. Das kanadische Expert Committee on Plant Genetic Resources, das vom IBPGR mit der Erhaltung des globalen Hafersorteninventars beauftragt ist, trat im November 1977 zusammen, um sein Programm einer kritischen Überprüfung zu unterziehen. Hauptpunkt der Diskussionen war die Notwendigkeit, für die Ottawa Research Unit eine neue Lagereinheit zu errichten, die Neuzugänge aus dem Ausland sowie einheimische Sorten aufnehmen sollte. Das Komitee stellte fest, daß es schon seit drei Jahren darum kämpfe, den höheren Ebenen im kanadischen Landwirtschaftsministerium klarzumachen, daß die entsprechenden Mittel dringend benötigt würden. In ihrer Verzweiflung schlugen Mitglieder des Komitees vor, an die Canadian International Development Agency (CIDA) oder das International Development Research Centre (IDRC) heranzutreten. Auch ein Hilfegesuch an das IBPGR wurde vorgeschlagen – aber wieder fallengelassen, als

Karte 3: Die wichtigsten Genbanken

Quelle: Genetic Conservation. Veröffentlichung der FAO (Genetic Conservation Training Programme, Crop Ecology and Genetic Resources Unit), FAO PI/F 7460.

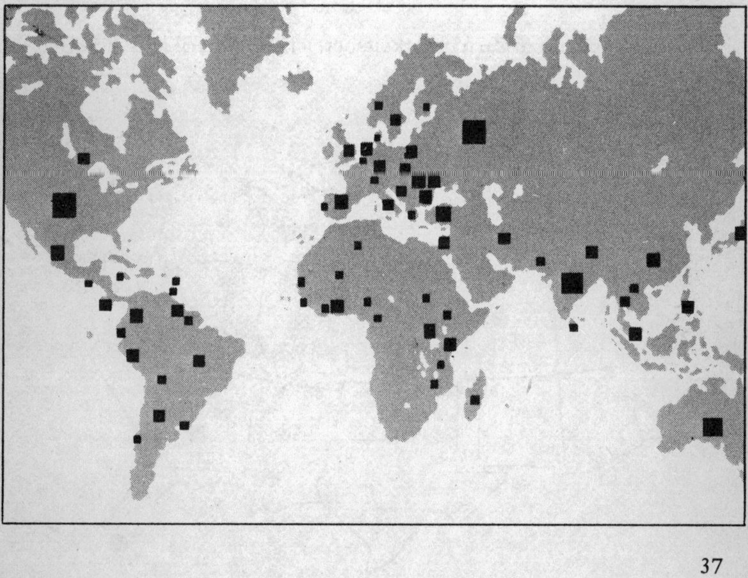

man sich klargemacht hatte, daß eine Bitte um 25000 kanadische Dollar eher peinlich wirken würde.[37] Im Oktober 1978 war Roland Loiselle von der Gen-Bank in Ottawa endlich in der Lage zu berichten, daß sich die zuständigen Stellen bereitgefunden hätten, die Mittel zum Bau der Lagereinheit bereitzustellen und auch ein Konservierungsprogramm zu unterstützen, «... obwohl wegen der Knappheit der finanziellen Mittel nicht mit einer sofortigen Anweisung der Gelder gerechnet werden kann»[38].

Das kanadische Programm ist mit schätzungsweise 60000 kan. Dollar pro Jahr dotiert; es hat – mit eineinhalb festen Stellen – seinen Sitz in Ottawa.[39] Neben Ottawa gibt es in Kanada weitere 36 Gen-Banken, von der guteingerichteten Lagereinheit bis zum besseren Küchenkühlschrank. Die meisten bewegen sich auf der Ebene sehr kleiner Arbeitssammlungen.[40] Trotz äußerster Anstrengungen von Loiselle und seinem Komitee reagierten bis Ende 1977 – als er vor dem Komitee berichtete – weniger als ein Drittel derer, die solche Gen-Sammlungen besitzen, auf die Bitte des kanadischen Landwirtschaftsministeriums um Angabe von Daten.[41]

Natürlich weiß niemand in Kanada, wer wieviel für Gen-Erhaltung ausgibt oder was in den Depots vorhanden ist. Was Expeditionen betrifft, so ergab eine telefonische Bitte um Aufklärung an den Vorsitzenden des Komitees, Charles Bishop, nur die dringliche Bitte um Mittel zur Finanzierung von Exkursionen in den Nahen Osten. Loiselle meinte zu der dürftigen Reaktion der um Daten gebetenen kanadischen Pflanzenzüchter: «Diese Haltung unterscheidet sich von derjenigen der

Karte 4: Standort und Zuständigkeitsbereich der amerikanischen Genbanken
Quelle: USDA, 1973.

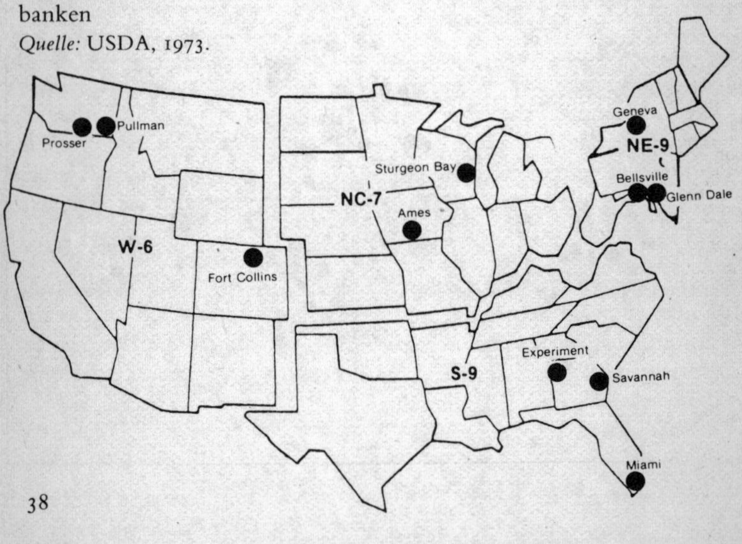

Verantwortlichen im kanadischen Landwirtschaftsministerium kaum, wo die Frage der Gen-Ressourcen ebenfalls, wenn es ums Bezahlen geht, nur geheuchelte Unterstützung findet.»[42] Als Reaktion auf politischen Druck jedoch sind die zuständigen Stellen inzwischen eher bereit, über zusätzliche Maßnahmen zur Gen-Erhaltung zu reden.[43]

Wenn Westeuropa und Nordamerika ihre eigenen Bedürfnisse mißachten, was tun dann die Regierungen der Planwirtschaftsländer? Die Genbestandserhaltung begann in der Sowjetunion, wie wir bereits erwähnt haben, recht früh. Sir Otto Frankel meint, daß die Russen nach wie vor die umfangreichsten und bestangelegten Sammlungen der Welt besitzen.[44] Eine neueingerichtete jugoslawische Gen-Bank in Belgrad hat über 100000 Maisvarietäten gesammelt.[45] Auch die tschechoslowakischen Sammlungen sind relativ umfangreich.[46] Bis zum Erscheinen einer Studie der US-Akademie der Wissenschaften war der Westen noch zuversichtlich, daß Maßnahmen zur Bestandserhaltung in China weithin unnötig seien, weil man davon ausging, daß die Bauern ihr Saatgut nach wie vor selber erzeugten und weitergaben. Heute sieht es so aus, als ob viele der auf dem Land verbreiteten Weizensorten verloren wären.[47] Das ist speziell für die skandinavischen und kanadischen Pflanzenzüchter eine besonders düstere Nachricht. Die wissenschaftlichen Einrichtungen der Volksrepublik China haben inzwischen damit begonnen, gefährdete Sorten zu sammeln und zu konservieren.[48]

Genmaterial in Konzernbesitz

Es ist ebenfalls allgemein bekannt, daß viele Großkonzerne umfangreiche eigene Gen-Sammlungen besitzen. Die FAO berichtet, daß ein Unternehmen, United Brands (früher United Fruit), ungefähr zwei Drittel des konservierten Weltbestands an Genmaterial von Bananen besitzt.[49] Angehörige der zentralen kanadischen Genbank berichten, daß die Privatwirtschaft die Zusammenarbeit verweigert, und zwar dadurch, daß sie keine Informationen über Menge und Art des genetischen Materials zugänglich macht, das in ihrem Besitz ist. Insbesondere zwei Firmen in Kanada, die über wichtiges Material verfügen, es aber anderen nicht zugänglich machen, werden in diesem Zusammenhang genannt: Maple-Leaf Mills und Campbell Soup of Canada.[50] Viele international tätige Wissenschaftler meinen, daß die Firmen, die führende Positionen in der Obstbranche haben, ihre eigenen Gen-Ressourcen besonders sorgsam abschotten. Das gleiche gilt wohl auch für andere Marktfrüchte und Unternehmen.

Manche europäische Konzerne hingegen haben schon seit mehreren Jahren die Konservierung von genetischem Material zum aktiven Bestandteil ihrer Genforschungsprogramme gemacht. Unschätzbare Sammlungen, die sich zum großen Teil in den Händen von interessierten Individuen oder Universitäten befinden, sind andererseits der Gefahr des Untergangs ausgesetzt. Da dieses Material andernfalls möglicherweise verlorengegangen wäre, mag diese Form der Beteiligung der Privatwirtschaft an der Genkonservierung ein wahrer Segen sein. Garrison Wilkes, der hinter dem Ganzen Profitmotive wittert, mahnt zur Wachsamkeit. Schließlich kann eine Verminderung des Sortenbestands bei jeder beliebigen Nutzpflanze die Abhängigkeit von denjenigen Firmen erhöhen, die auf dem Saatgutmarkt für diese Pflanze führend sind.[51] M. L. Oldfield vertieft diese Analyse: «Daraus folgt, daß jede Person oder Gruppe, der es gelingt, die Kontrolle über eine bestimmte Menge genetischer Ressourcen zu bekommen, ob sie in einem zentralen Kühlhaus oder einer anderen konservierenden Einrichtung lagert, beinahe unendliche politische und wirtschaftliche Macht in Händen hielte.»[52] Obwohl einschlägige Daten kaum zu bekommen sind, besteht Grund zur Besorgnis. Wir müssen über die von den Konzernen kontrollierten Genbestände unbedingt mehr wissen, und wir brauchen Garantien dafür, daß ihr Material anderen Pflanzenzüchtern und den Regierungen der ganzen Welt jederzeit frei zugänglich ist.

2. Gen-Banken: Für die Zukunft gesichert oder lebendig begraben?

> «Es ist töricht, den Glauben entstehen zu lassen, daß es völlig harmlos sei, die Umwelt nach Belieben zu zerstören und alle Lebewesen in Zoos, botanischen Gärten oder Genbanken aufzubewahren – mit dem Hintergedanken, sie eines schönen Tages der Wildnis zurückzugeben.»
>
> The Co-Evolution Quarterly, Herbst 1978

Nicht jedermann in der internationalen Gemeinde der Wissenschaftler ist davon überzeugt, daß Gen-Banken zur Erhaltung unserer verschwindenden Pflanzenarten das alleinseligmachende Mittel seien. 1978 erklärte die UNESCO aus der gleichen Sorge heraus 144 Gebiete in 35 Ländern zu – noch zu errichtenden – biosphärischen Reservaten.[53] Andere Wissenschaftler halten Resolutionen und Reservate dieser Art für «Tropfen auf dem heißen Stein». Roland Loiselle (Ottawa) weist darauf hin, daß Weizen bei sachgerechter Lagerung in einer Genbank etwa 400 Jahre keimfähig aufbewahrt werden kann, zweireihige Gerste schätzungsweise etwa 30000 Jahre.[54] Die meisten Pflanzenzüchter scheinen mit einem System von Gen-Banken und regelmäßigen Versuchen, das eingelagerte Saatgut zu keimen, schon zufrieden zu sein. Im allgemeinen muß Mais alle drei Jahre ausgesät werden, während Kohl alle vier Jahre verjüngt werden soll.[55] Die amerikanische Akademie der Wissenschaften hat die «mangelnde Pflege» der amerikanischen Sammlungen genetischen Materials in den letzten 35 Jahren – insbesondere im Bereich der Obst-, Nuß- und Gemüsesammlungen – unlängst gerügt.[56] Die NAS kommt zu dem Ergebnis: «Nach Abwägung aller verfügbaren Daten zur Erhaltung bedrohter Arten unter kontrollierten Bedingungen sind wir – übrigens nicht zum erstenmal – zu der Schlußfolgerung gezwungen, daß die einzige verläßliche Methode im Belassen in der natürlichen Umwelt besteht.»[57]

Verluste bei der Lagerung oder während des Transports zu den Lagern sind beklagenswerterweise nur zu verbreitet. Futterpflanzensammlungen aus dem Mittleren Osten und Bohnensammlungen aus Papua-Neuguinea entgingen in den letzten Jahren nur knapp dem Untergang. Das kanadische IDRC nahm vor einigen Jahren an einer Maniok-Expedition teil, die mit dem Verlust von 500 mittelamerikanischen Sorten während des Versands endete.[58] Z. Huaman vom internationalen Kartoffelzentrum in Peru (CIP) versetzte die Kartoffelproduzenten der ganzen Welt in helle Aufregung, als er erklärte, daß trotz der Anlage zahlreicher Sammlungen vor Gründung des CIP ein großer Teil des gesammelten kultivierten Materials verlorengegangen und damit nur noch eine unzureichende Sammlung kultivierter Kartoffelsorten in den Beständen der Gen-Banken vorhanden sei.[59] Huaman fuhr fort, daß das «in Südamerika heimische Material stark von der Ausrottung bedroht» sei. In seinem Buch *Farming for Profit in a Hungry World* berichtet Michael Perelman: «Der Ausfall dreier Kühlkompressoren führte zum Verlust einer wichtigen peruanischen Maissammlung. Während der Reorganisation einer mexikanischen Samenbank gingen unersetzliche Maissammlungen verloren.»[60]

Genbanken sind äußerst verletzliche Institutionen. Stromausfälle können zum Ansteigen der Lagertemperatur oder der Luftfeuchtigkeit führen. Feuer, Überschwemmungen und Etatkürzungen bringen viele Sammlungen in höchste Gefahr. Hinzu kommt das Problem, daß das, was gesammelt wird, oft nicht einmal genügend oder genau genug erfaßt ist. Dazu Sir Otto Frankel: «Über den Bestand an alten Kulturpflanzen in vielen der großen Sammlungen ist kaum etwas bekannt ... doch sind sie weder umfangreich noch repräsentativ.»[61] So wichtig Gen-Banken sein mögen: die Welt wäre schlecht beraten, wenn sie alles auf diese eine Karte setzen würde.

Die Gen-Banken bedürfen der dringenden Ergänzung durch die Einrichtung von biosphärischen Reservaten. Einmal ginge es dabei um die wilden Verwandten unserer Kulturpflanzen, die in ihrer natürlichen Umwelt belassen werden sollen, damit sie sich weiterentwickeln können. Zum anderen ginge es um Erhalt und Fortentwicklung von Landsorten, die an die einheimischen Kulturmethoden angepaßt sind.

Wachsende Abhängigkeit der Dritten Welt

Die Dritte Welt ist derzeit darauf angewiesen, ihre genetischen Ressourcen in von den Industrienationen dominierten Genbanken abzuliefern. Das heutige Gen-Bankensystem ließe sich daher auch beschreiben als ständiger Abfluß genetischen Materials aus den Wawilowschen Zentren in die internationalen Agrarforschungszentren, das NSSL in Colorado und die Genbanken in den Industrieländern. Dieser Prozeß führt dadurch in die Abhängigkeit, daß gleichzeitig das einheimische Ausgangsmaterial durch neue, importierte Züchtungen verdrängt wird, die entweder von den Agrarforschungszentren oder kommerziell von ausländischen Unternehmen eingeführt werden. Die damit wachsende genetische Uniformität läßt nicht mehr zu, daß der einheimische Bauer Formen selber selektiert, die an seine speziellen Anbaubedingungen angepaßt sind. Die Regierungen dieser Bauern befinden sich in einer ähnlichen Lage: Ein Rückgriff auf ihr ehemals eigenes Material ist nur noch über das NSSL in den USA oder das N. I. Wawilow-Zentrum in der UdSSR möglich.

Nach einem Besuch in Kenia im Februar 1979 berichtete Roy Laishley vom Development Press Service über ein Gespräch mit W. Viertmann, einem australischen Mitarbeiter der FAO. Viertmann arbeitet an einem Programm zur Verhinderung der Bodenerosion, in dessen Rahmen australische Gräser und Hülsenfrüchte eingesetzt werden, die den Humus festhalten sollen. Laishley faßte den Inhalt des Gesprächs so zusammen: «Kenia muß in Australien entwickelte tropische Hülsenfrucht-Sorten importieren, die aus einheimischen kenianischen Sorten gezüchtet wurden.» Es muß also mindestens ein Teil des verwendeten Saatguts gegen Bezahlung in das Land eingeführt worden sein. Es gibt jedoch keine Berichte darüber, daß Kenia für das Rohmaterial in irgendeiner Weise finanziell entschädigt worden wäre, das nach Australien ausgeführt und dort für die Entwicklung der Neuzüchtungen verwendet worden war.[62] Erna Bennett von der FAO berichtete von einem ähnlichen Fall, in dem libyscher Futterpflanzensamen, der kostenlos nach Australien exportiert wurde, in kaum veränderter Form zu Marktpreisen reimportiert wurde.[63]

Eine FAO-Studie zur Herkunft der Weizensammlungen, die sich im Besitz des USDA befinden, zeigt die Absurdität der Lage der Dritten

Welt auf. 1970 hortete das USDA Material aus 27 Ländern; nur fünf davon gehörten nicht zu den Drittweltländern. Die amerikanischen Gen-Banken lagerten mehr Weizen, als in den Sammlungen von 16 dieser 27 Länder zusammen vorhanden waren. Vierzehn Länder – alle aus der Dritten Welt – hatten überhaupt keine ihrer einheimischen Weizensorten selbst gelagert.[64] Andersherum gesagt: Während Afghanistan, Ägypten und Korea zusehen, wie die natürliche Mannigfaltigkeit ihrer Landwirtschaft einer genetischen Einöde weicht, müssen diese Länder zugleich entdecken, daß praktisch alles, was von ihren einheimischen Varietäten und Sorten gerettet werden konnte, nur noch von den Vereinigten Staaten bezogen werden kann.

Und tatsächlich sind nach den Angaben der amerikanischen Akademie der Wissenschaften die zur Zeit laufenden Sammlungsprogramme auf die Bedürfnisse der entwickelten Länder ausgerichtet.[65] Die Unterzeichnung der Konvention über den Handel mit gefährdeten Arten durch die USA am 23. Mai 1977 wird die Verluste der Dritten Welt in Zukunft wohl etwas mildern. So durften seitdem mehr als 85 Lieferungen mit mehr als 8000 Pflanzen nicht mehr in die USA eingeführt werden.[66] Viele Regierungen der Dritten Welt kümmern sich um ihre Gen-Verluste nicht mehr als die Industrienationen; und denjenigen, die inzwischen aufmerksam geworden sind, fehlt entweder das qualifizierte Personal oder das Geld, um etwas zu unternehmen. S. Sastrapradja (Indonesien) hob kürzlich die Notwendigkeit größerer Anstrengungen zur Erhaltung des eigenen Gen-Bestands in der Dritten Welt hervor und fügte hinzu, daß die Zeit allmählich knapp werde.[67] Die Association for the Advancemant of Agricultural Sciences in Africa (AAASA) forderte kürzlich eine sofortige Bestandsaufnahme der afrikanischen Gen-Ressourcen sowie eine angemessene politische Reaktion der afrikanischen Staaten auf die derzeitige Konservierungssituation. Die AAASA begründet ihre Forderung damit, daß «die genetischen Ressourcen der Nutzpflanzen eines jeden Landes ein unschätzbares nationales Erbe darstellen. In der begrenzten Zeit, die noch zum Sammeln bleibt, müssen sie in jedem und für jedes Land wie auch im Interesse der ganzen Welt geschützt und erhalten werden.» Die Delegierten der Tagung der AAASA von 1978 gaben eine dringliche Empfehlung zur Erarbeitung nationaler Aktionsprogramme ab.[68] Sastrapradja ist derselben Ansicht: «Es ist von überragender Bedeutung, daß die genetischen Ressourcen unter nationale Aufsicht gestellt werden.»[69]

Gen-Banken sind eine teure Angelegenheit. Das IBPGR schätzt, daß die Kosten pro Muster zwischen einem Minimum von 1,89 Dollar und einem Maximum von 10,74 Dollar liegen.[70] (Siehe Tabelle 6). Um die Dritte Welt mit einem System nationaler Datenbanken auszustatten sowie «ökosphärische Reservate» einzurichten, werden Anlaufkosten von über 100 Millionen Dollar veranschlagt; die jährlichen Kosten würden sich wahrscheinlich auf mindestens 12 Millionen Dollar belaufen. Angesichts der globalen Bedeutung der genetischen Ressourcen scheinen diese Kosten jedoch vertretbar. Von allem genetischen Material, das langfristig eingelagert ist, befinden sich fast 90% in Europa und in Nordamerika. Vor diesem Hintergrund kann man durchaus sagen, daß die Regierungen der Dritten Welt dazu vielleicht «Zugang» haben, nie aber «Kontrolle» darüber ausüben können.[71]

Tabelle 6: Lagerungskosten von Saatgutmustern

Lager-kapazität (Zahl der Muster)	Gesamtkosten (US-Dollar)	Grundkosten der Erstellung (Kühlraum mit Innenausstattung) (pro Muster) (US-Dollar)	Gesamtkosten (pro Muster) (US-Dollar)
22800	min. 12765	1,20	min. 4,95
	max. 244765		max. 10,74
31900	min. 123100	1,12	min. 3,68
	max. 260950		max. 8,18
56200	min. 141450	0,87	min. 2,52
	max. 294600		max. 5,24
91200	min. 172200	0,80	min. 1,89
	max. 346950		max. 3,80

Quelle: Report of IBPGR Working Group on Engineering, Design and Cost Aspects of Long-Term Seed Storage Facilities, IBPGR, Dezember 1976. S. 6–7.

Die Saatgutrevolution

Die zweite Phase der Grünen Revolution findet im Saatgutsektor statt. Welche Entwicklung nimmt diese Phase? Wer sind die neuen Züchter? Mit welchen Mitteln bauen sie eine neue, weltumspannende Saatgutindustrie auf?

Kapitel 4
Die Grüne Revolution

«Vor wenigen Jahren wurde eine der hochgelobten Entwicklungen der Grünen Revolution, eine Reisvarietät mit der Bezeichnung IR-8, auf den Philippinen von der Tungro-Krankheit befallen. Nachdem sich die Reisbauern auf eine andere Sorte, IR-20, umgestellt hatten, erwies sich auch dieser hochgezüchtete Reis als äußerst anfällig gegen den «Grassy Stant Virus» und gegen Zikadenbefall. Also gingen die Bauern zu IR-26 über, einer noch weiter hochgezüchteten Sorte, die sich als außerordentlich resistent gegen fast alle philippinischen Krankheiten und Insekten erwies. Es stellte sich jedoch heraus, daß sie den starken Winden der Inseln nicht gewachsen war, worauf sich die Pflanzenzüchter entschlossen, eine Sorte taiwanesischen Ursprungs auszuprobieren, die eine ungewöhnliche Widerstandsfähigkeit gegen Wind gezeigt hatte – um zu entdecken, daß diese Sorte von den taiwanesischen Bauern so gut wie ausgerottet worden war – inzwischen wuchs auf den Reisanbauflächen fast nur noch IR-8.»

Norman Myers, Kenia 1978

«Die Züchtungen der Grünen Revolution bewährten sich keineswegs so gut wie die alten Sorten; weil die Bauern jedoch ihr Saatgut als Nahrung verbraucht hatten, konnten sie in vielen Fällen nicht auf ihre alten Sorten zurückgreifen. In vielen Gebieten kam es deswegen zu Nahrungsmittelknappheit.»

Norman Baas, National Seed Storage Laboratory, USA 1978

«Die indonesische Regierung ging noch viel weiter ... Sie schloß mit mehreren multinationalen Chemieunternehmen Verträge ab; die Firmen sollten die Bauern zur Umstellung auf die neue Technologie bewegen. Die Regierung verpflichtete sich, für jeden mit dem neuen Saatgut bepflanzten Acre 20 Dollar zu zahlen. Das Ergebnis war katastrophal. Das Programm ging in einem Sumpf von Korruption unter. Dringend benötigtes Saatgut kam nie bei den Bauern an ... Die Insektizide vernichteten die Fischbestände, die der Bevölkerung einen großen Teil des Proteins lieferten. Es kam schließlich zu einer schweren Hungersnot.»

Michael Perelman, *Farming for Profit in a Hungry World*, USA 1977

1. Geschichte und Umfang der Grünen Revolution

Seit ihren Anfängen war die Grüne Revolution unter den Wissenschaftlern und auch in weiteren Kreisen heftig umstritten. Als Norman Borlaug 1970 mit dem Nobelpreis ausgezeichnet wurde, erklärte der Vorsitzende des Nobel-Komitees bei der Preisverleihung, daß sich die Welt über die wirtschaftliche Zukunft der Entwicklungsländer keine Sorgen mehr zu machen brauche.[1] 1978 schrieb das Wall Street Journal in einem Leitartikel auf der ersten Seite: «Der Grünen Revolution sind die Tricks und Kunstgriffe endgültig ausgegangen. Ja, die Revolution wendet sich inzwischen gegen sich selbst.»[2]

Beweise zur Belegung dieser Behauptung sind ohne weiteres beizubringen. Eine mit ausländischer Hilfe errichtete Hybridzuchtstation in Madian-Salagnac im Süden Haïtis entwickelt Eto-Amarillo-Mais, den die Bauern einsetzen sollen. Der Mais läßt sich nicht länger als drei Monate lagern und kann nicht zur Herstellung von Mayai Moulin verwendet werden, einem der Haupterzeugnisse der Gegend. Keinen Kilometer weiter erreichen die einheimischen Bauern mit offenbestäubten Sorten denselben Ertrag wie der Hybridmais.[3] In Kitui (Kenia) arbeiten die Bauern bei der Verjüngung ihrer gefährdeten einheimischen Sorten zusammen. Ihnen ist das neue Saatgut schlicht und einfach zu teuer.[4] In der Umgebung von Quezon auf den Philippinen besuchen die Kleinbauern Seminare über Kosten und Risiken der Grünen Revolution.[5] Die Agrarwissenschaftler der tunesischen Universitäten beschäftigen sich mit der Frage, was mit den bewährten traditionellen Nutzpflanzensorten geschehen soll, die durch europäisches Saatgut abgelöst werden.[6] In Puebla in unmittelbarer Nähe von Mexico City bietet ein alternatives Maiszuchtprogramm den armen Bauern offenbestäubte Sorten an, die den Ertrag von Hybridsorten erreichen.[7] Unter den aufgebrachten pakistanischen Reisbauern macht der Scherz die Runde, daß der Wunderreis vor allem «Wunderheuschrecken» hervorgebracht habe.[8]

Die Verfechter der Grünen Revolution halten dem entgegen, daß die Grüne Revolution erst jetzt in ihr zweites Stadium eintrete. Henry Romney, Chefpressesprecher der Rockefeller Foundation: «Die Kritik der letzten Jahre bestand weithin zu Recht. Die Kritiker haben uns überzeugt.»[9] Es sieht in der Tat so aus, daß die an den Programmen der

Grünen Revolution beteiligten Wissenschaftler mehr Wert auf einheimische Kulturpflanzen legen und der Schwerpunkt auf die Züchtung robuster Sorten verlagert wurde. Manch einer fragt sich jedoch, ob es nicht schon zu spät dafür ist, die «Revolution» auf neuen Kurs zu steuern.

Entstehung

Bettina Conn sieht den Beginn der Grünen Revolution in der Verabschiedung des Gesetzes, das den Zustrom der mexikanischen Wanderarbeiter in die USA begrenzen sollte.[10] Sie vermutet, daß die Saatgutfirmen nach Mexiko gingen, um von dem dort vorhandenen Lohnniveau profitieren zu können. Andere sahen eine engere Verknüpfung mit der Überschußproduktion der Düngemittelindustrie in den sechziger Jahren und dem daraus resultierenden Druck zur Erschließung neuer Märkte. Die Tatsache, daß die Kellogg Foundation aktiv an der CGIAR beteiligt war (die das IBPGR und die internationalen Zuchtstationen kontrolliert), kann als Ausdruck dieser Verknüpfung interpretiert werden;[11] es sei schließlich die Firma Kellogg gewesen, die die revolutionäre Technologie entwickelte, die zu dem Düngemittelüberschuß geführt habe.[12] John W. Mellor, damals Chefökonom in der Agency for International Development des amerikanischen Außenministeriums, bezeichnete das für Indien entwickelte Programm der Grünen Revolution als «Programm, das vor allem im planmäßigen Einsatz von Dünger» bestehe.[13] Bestimmte Düngemittelfabrikanten und ihre Stiftungen haben die Grüne Revolution lange Zeit aktiv propagiert.

Ein kurzer Blick auf die Geschichte der Grünen Revolution macht denn auch die ausgedehnte Beteiligung der wichtigsten amerikanischen Familien-Stiftungen augenfällig. Die größte Mais- und Weizenforschungsanstalt der Welt, das CIMMYT, wurde 1943 mit finanzieller Unterstützung der Rockefeller Foundation in Mexiko ins Leben gerufen. Die Familie Ford ist seit 1956 beteiligt, als ihre Stiftung das indische Programm begann. Aus der Zusammenarbeit der beiden Stiftungen entstand in den frühen sechziger Jahren das IRRI – das International Rice Research Institute – auf den Philippinen.[14] Als Erfolge wie Kosten immer größer wurden, stieß die Kellogg Foundation hinzu; zudem wurde versucht, die Verantwortung für die ganze «Revolution» auf die Vereinten Nationen abzuwälzen. Robert McNamara – langjähriges Mitglied des Aufsichtsrats der Ford Foundation und Präsident der Weltbank – stellte ein geeignetes Konsortium von Regierungen, UN-Unterorganisationen und Stiftungen zusammen, die CGIAR, das die

Tabelle 7: Finanzielle Ausstattung der internationalen Agrarforschungsinstitute

Institut	Standort	Gründungsjahr	Budgetansatz für 1980 (in Mio. US-Dollar)
IRRI (Internationales Reisforschungsinstitut)	Los Banos (Philippinen)	1959	16,1
CIMMYT (Internationales Mais- und Weizenforschungszentrum)	El Batan (Mexiko)	1964*	16,8
CIAT (Internationales Zentrum für Tropische Landwirtschaft)	Palmira (Kolumbien)	1968	15,0
IITA (Internationales Institut für Tropische Landwirtschaft)	Ibadan (Nigeria)	1965	15,1
CIP (Internationales Kartoffelzentrum)	Lima (Peru)	1972	8,0
ICRISAT (Internationales Pflanzenforschungsinstitut für die Halbtrockengebiete der Tropen)	Haiderabad (Indien)	1972	12,4
WARDA (Westafrikanischer Reisentwicklungsverband)	Monrovia (Liberia)	1971	2,7
ICARDA (Internationales Zentrum für Landwirtschaft in Trockengebieten)	Beirut (Libanon)	–	11,8
IBPGR** (Internationaler Rat für Pflanzengenetische Ressourcen)	FAO/Rom (Italien)	1973	3,1

* Der Vorläufer dieses Instituts nahm seine Arbeit 1943 auf.

** Diese Einrichtung wurde aufgenommen, obwohl es sich um kein Forschungsinstitut im eigentlichen Sinn handelt.

Quelle: Sekretariat der CGIAR, The Consultative Group on International Agricultural Research, Washington, 13. Februar 1980.

Finanzierung übernehmen sollte. Die Stiftungen wälzten die finanziellen Lasten der Grünen Revolution mit Erfolg ab, während sie innerhalb der CGIAR beträchtlichen Einfluß behielten. Beispielsweise sind – mit einer Ausnahme – alle Leiter der internationalen Agrarforschungsstationen durch die Stiftungen auf ihre Posten gelangt.[15]

Leistung

Die Forschungseinrichtungen und ihre hochqualifizierten Mitarbeiter waren und sind sehr einflußreich. Das CIMMYT kann sich nicht nur rühmen, einen Vater der «Grünen Revolution» zu seinen Angestellten zählen zu können – Norman Borlaug –, sondern CIMMYT-Weizen wächst heute auf über 12 Millionen Hektar rund um den Erdball; die Weizenzüchtung selbst findet auf 1140 Versuchsfeldern in 65 Ländern statt. CIMMYT-Mais wird an 289 Stellen in 48 Ländern geprüft.[16] Im ersten Jahrzehnt seines Bestehens hat das IRRI den asiatischen Reisbauern fünf neue Reissorten zur Verfügung gestellt; es kann für sich in Anspruch nehmen, den Reisanbau in Asien ganz entscheidend beeinflußt zu haben. Dank dieser Erfolge gelang es, finanzielle Unterstützung für sechs weitere Forschungsstationen – sowie zwei Tierzuchtstationen – unter der Aufsicht der CGIAR zu finden.

Die Erfolge dieser Einrichtungen bestehen in mehr als nur der Aufstockung ihrer Etats. Die türkische Getreideernte hat sich seit 1970 auf mehr als 18 Millionen Tonnen pro Jahr verdoppelt.[17] Im Pandschab werden heute auf ca. 800000 Hektar «Mexipak» oder andere, aus einheimischem Material gezüchtete Sorten angebaut.[18] Dank der «revolutionären» Technologie sind die mexikanischen Weizenernten von ca. 800 auf über 3000 kg/ha gestiegen.[19] Der neue Viel-Linien-Weizen des CIMMYT kann für die Bauern der ganzen Welt wichtig werden.[20] 1972/73 stieg der Wert der asiatischen Reisernte dank der neuentwickelten Hochertragssorten (HYV – High Yield Varieties) um eine Milliarde Dollar.[21] Mit beeindruckenden Zahlen dieser Art hat die Grüne Revolution viele Anhänger gewonnen.

2. Probleme und Risiken aus kritischer Sicht

Sir Otto Frankel hat die Grüne Revolution mit einem «Strom von gewaltigen Ausmaßen» verglichen.[22] Die Wirkung der Grünen Revolution war allerdings überwältigend, wenn auch nicht durchweg positiv.

Gesellschaftliche Folgen

Arthur Moser – Präsident des von John D. Rockefeller gegründeten Agricultural Development Council – argumentierte zu Beginn der Grünen Revolution, daß die kooperative Sozialstruktur, die in vielen agrarischen Gesellschaften der Dritten Welt zu beobachten sei, zu Gunsten einer «aggressiven Marktorientierung» abgebaut werden müsse.[23] Mehr vielleicht als an allem anderen stießen sich die Kritiker der «Revolution» an der unglaublichen Arroganz vieler HYV-Planer. Von Anfang an gingen die westlichen Stiftungen, Regierungen und Wissenschaftler davon aus, daß die Dritte Welt nur die in der Ersten Welt üblichen Anbaumethoden kopieren müsse, um sich selbst mit Nahrungsmitteln versorgen zu können. Diese Annahme durchdrang die Planungen und Zuchtprogramme derart vollständig, daß sie den meisten Beteiligten gar nicht zu Bewußtsein kam. Andere wiederum – wie Moser – versuchten die Sozialstruktur den wissenschaftlichen und marktwirtschaftlichen Zielen der Grünen Revolution aktiv anzupassen. W. David Hopper hat eine vernichtende Analyse der Wirkung der Grünen Revolution auf die Entwicklungspolitik vorgelegt. In einer Rede über «Nahrungsmittelpolitik» faßte er seine Forschungsergebnisse 1977 so zusammen: «Die Politik der Kontrolle durch die Reichen ist stets eine unschöne Angelegenheit ... und eine besonders unelegante Art der Diplomatie noch dazu.»[24] Dies ist eine adäquate Zusammenfassung der Wirkung der Grünen Revolution.

Querverbindungen zur chemischen Industrie

Die Wissenschaftler des CIMMYT geben bereitwillig zu, daß ein Großteil der Ertragssteigerung im Rahmen der Grünen Revolution eine Folge des massiven Dünger- und Herbizideinsatzes ist.[25] Ein Sprecher der Weltbank schätzte kürzlich, daß zwischen 35 und 42 Millionen Tonnen der asiatischen Reisernte direkt vom Erdöl der arabischen Halbinsel abhängig sind.[26] Lester Brown stellte 1967 die Behauptung auf, daß die USA ihren Düngerexport von einer auf sieben Milliarden Dollar pro Jahr steigern könnten, wenn die Düngernachfrage der Dritten Welt ein Viertel des japanischen Verbrauchs pro Acre erreiche.[27] Diese Behauptung stammt aus einem Jahr, in dem Indien bereits 20 % seiner Exporteinnahmen für Düngerimporte aufwenden mußte. Mit dem jähen Ansteigen der Energiepreise in den frühen siebziger Jahren wurde der Dritten Welt die Bürde eines energieabhängigen Agrarsystems auferlegt. Die Düngerknappheit des Jahres 1974 bedeutete die Einbuße von ca. 15 Millionen Tonnen Getreide – eine Menge, die zur Ernährung von 90 Millionen Menschen gereicht hätte.[28]

Bei den Unkraut- und Insektenvernichtungsmitteln ist die Lage ähnlich. Obwohl 97 % der jährlich auf der Erde produzierten ca. 2 Millionen Tonnen Herbizide aus den Industrieländern stammen, verbraucht die Dritte Welt zwischen 10 und 20 % der Gesamtproduktion – doch steigt ihr Anteil schnell.[29] Ausgehend von einem jährlichen Verbrauch von 160 000

Tonnen in den frühen siebziger Jahren rechnet die FAO mit einem Anstieg auf über 800000 Tonnen bis Mitte der achtziger Jahre.[30] Die Pestizide werden einerseits wegen der genetischen Einheitlichkeit der neuen Hochertragssorten benötigt, teilweise jedoch auch, weil die Züchtung auf Hochertragscharakteristika zu Lasten der Widerstandsfähigkeit geht. Die Kosten der agrochemischen Betriebsmittel sind in den Akten der Entwicklungshilfeorganisationen gut dokumentiert. In den siebziger Jahren begründeten die Entwicklungsländer ihre höheren Hilfsgesuche oft mit den gestiegenen Kosten für agrochemische Importe, die sie zur Aufrechterhaltung ihrer landwirtschaftlichen Produktion benötigen.

Manche Kommentatoren – wie beispielsweise *US News and World Report* – begrüßten den Trend zu agrochemischen Betriebsmitteln: «Eine der bedeutendsten Veränderungen war die Steigerung der Nachfrage nach amerikanischen Maschinen, Dünger, Pestiziden, Bewässerungspumpen und anderem landwirtschaftlichem Gerät.»[31] Die Grüne Revolution war für das Agrobusiness zweifelsohne ein gutes Geschäft. In den sechziger Jahren benötigte die einschlägige Industrie dringend neue Märkte, um ihr Wachstum fortsetzen zu können. Die bilateralen und multilateralen Hilfsprogramme machten die Expansion in die Dritte Welt finanziell erst möglich. In den seitdem vergangenen zwanzig Jahren haben die führenden agrochemischen Unternehmen ein weltweites Vertriebssystem aufgebaut, das ihre Produkte in Asien, Afrika und Lateinamerika erfolgreich vermarktet. Die Grüne Revolution war das Vehikel, das all dies erst möglich machte.

Qualitätsverlust

L. W. Crowder (Ithaka, New York) hat auf eine wesentliche Schwachstelle der Grünen Revolution hingewiesen, die von ihren Kritikern oft übersehen worden ist: «Die Kleinbauern praktizieren in der Regel eine Mischkultur, beispielsweise eine Mischung aus Mais und Bohnen. Unglücklicherweise haben die Pflanzenzüchter die Pflanzencharakteristika nicht berücksichtigt, die die Pflanzen mischanbaufähig machen. Die neuen Bohnen- und Maissorten gedeihen daher zusammen nicht gut.»[32] Andere Experten schätzen, daß der Mischanbau sowohl den Ertrag wie den wirtschaftlichen Nutzen um mehr als 50% steigern kann.[33] Über den reinen Ertrag hinaus trägt der Mischanbau auch zur Eiweißversorgung der Subsistenzbauern einen wichtigen Teil bei. Die Leguminosen werden häufig von der Bauernfamilie selbst verbraucht, während das Getreide verkauft wird. Die neuen Sorten sind für den Mischanbau nicht mehr geeignet, während die alten Sorten inzwischen meist untergegangen sind.

Ernteverluste

G. J. H. Grubben vom Königlichen Tropeninstitut in Amsterdam nennt als weiteren schädlichen Effekt der Grünen Revolution neben der mangelnden Berücksichtigung der Mischanbaueignung die allgemeine Vernachlässigung des Eigenanbaus von Gemüse, das für die Bauernfamilien von großer wirtschaftlicher und ernährungsphysiologischer Bedeutung ist.[34] Die statistischen Erhebungen konzentrieren sich auf die kommerzielle und/oder Getreideproduktion unter Ausschluß der nur für den Eigenbedarf erzeugten Nahrungsmittel in Kleinbetrieben. Aus diesem Grund bleibt der Gemüseanbau weithin unberücksichtigt. Grubben stellt fest, daß die Dritte Welt zur Weltgemüseproduktion von 25 Milliarden Dollar einen erheblichen Beitrag leistet, doch selbst diese Tatsache hat auf seiten der Wissenschaftler der Grünen Revolution kein Interesse erweckt.[35]

Garrison Wilkes weist darauf hin, daß die Hälfte der Eiweißproduktion der Dritten Welt aus dem Anbau von Leguminosen stammt: «Die heutige Abhängigkeit von Leguminosen macht deren Ersetzung durch die Weizensorten der Grünen Revolution doppelt verhängsnisvoll.»[36] Wilkes berichtet weiter, daß sich der Kichererbsenanbau in Indien in den letzten zwanzig Jahren flächenmäßig in Relation zum Weizenanbau auf die Hälfte eingestellt hat – ursprünglich war die Relation eins zu eins. Die Zunahme der Weizenanbaufläche hat ihren Grund, wie Wilkes feststellt, «nicht in ernährungsphysiologischen Überlegungen hinsichtlich der Versorgung mit pflanzlichem Eiweiß – Kichererbsen brachten weniger Profit»[37]. Eiweißreiche Leguminosen – mit einem Proteingehalt von 20 bis 30% – werden von eiweißarmem Getreide – 7 bis 14% – verdrängt, ohne daß dies mehr als beiläufige Erwähnung in den Erntestatistiken fände. Michael Perelman schätzt, daß die Leguminosenproduktion pro Kopf der Bevölkerung in Indien zwischen 1961 und 1972 um 38% fiel, weil der Weizenanbau massiv bezuschußt wurde, wodurch der Anbau von Leguminosen weniger attraktiv war. Das Plus der Grünen Revolution – die Zunahme der Erträge – muß erst noch gegen ihr Minus abgewogen werden – den Verlust an für die Ernährung wertvollen pflanzlichen Proteinen.[38]

Durchführungsmängel

Wie Norman Myers und Norman Baas gezeigt haben, werfen die im Rahmen der Grünen Revolution gezüchteten Sorten Probleme eigener Art auf. Eine philippinische Genossenschaft beschwerte sich kürzlich brieflich, daß die auf Versuchsfeldern des International Rice Research

Institute erzielten Reiserträge über die in der Praxis auf den bäuerlichen Anbauflächen erzielten Ernten nichts aussagen. Die Testerträge des IRRI lagen um bis zu acht Tonnen pro Hektar über den üblichen Sorten, wogegen der Mehrertrag in der Praxis nur 1,75 Tonnen betrug. Die Bauern fügten hinzu: «Man weiß inzwischen, daß die traditionellen Reissorten mit erbgutbedingter höherer Krankheitsresistenz den Hektarertrag der IRRI-Sorten ohne Einsatz von chemischen Düngemitteln oder anderen gefährlichen Chemikalien erreichen – wenn sie nicht sogar besser abschneiden.»[39]

Während einige Hochertragssorten (HYV – High Yielding Varieties) die Erwartungen nicht ganz erfüllten, erwiesen sich andere als Totalausfälle. 1973 und 1974 verloren die bengalischen Bauern 80 % ihrer Reisernte sowie die Schößlinge für die folgende Anbauperiode, als sie – nach den ihnen gegebenen Anweisungen – eine neue halbzwergwüchsige Reissorte anbauten. Hochwasser zerstörte die Ernte, wo die alten Sorten möglicherweise überlebt hätten.[40] Im Jahr darauf gingen den indonesischen Reisbauern über 200000 Hektar durch Zikadenbefall verloren.[41] Laut D. J. Dalrymple vom Agricultural Development Council (USA) verlor Brasilien 1972 «die Hälfte seiner Weizenernte, als die Felder von einer in Mexiko unbekannten Krankheit befallen wurden, gegen die die verwendeten Sorten vom Zuchtziel her nicht resistent waren».[42]

In dem Maße, wie die alten Sorten verschwinden und sich als Folge dieser genetischen Erosion in der Dritten Welt genetische Uniformität breitmacht, werden wir immer öfter von plötzlichen, vernichtenden Mißernten zu hören bekommen. M. Dambroth führt die genetische Erosion auf die zunehmende Verbreitung der Hochertragssorten zurück: «Die genetische Erosion ist überwiegend eine Folge der Grünen Revolution.»[43] Seine Meinung findet bei den tausende Kilometer entfernten Reisbauern Asiens ein zustimmendes Echo: «Wir befürchten sogar, daß wir in den nächsten fünf oder zehn Jahren alle unsere traditionellen Landsorten verloren haben werden.»[44] Die «Revolution» hat den Bauern nicht so sehr «Hochertragssorten» (HYV) beschert, sondern vielmehr «Hochreaktionssorten» (HRV = High Responding Varieties); nur unter der Voraussetzung idealer Wachstumsbedingungen – zum Beispiel Bewässerung, Bodenbearbeitung, Dünger- und Pestizideinsatz usw. – werden die Sorten der Grünen Revolution mit hohen Erträgen «reagieren». Wenn eine dieser Voraussetzungen nicht rechtzeitig erfüllt wird oder sogar ganz wegfällt, werden die Bauern unter Umständen verheerende Mißernten hinnehmen müssen.

Wem hat die Grüne Revolution den meisten Nutzen gebracht? Das vor zwei Dekaden von der Ford Foundation begonnene Intensive Agricultural Assistance Programme war auf Betriebe mittlerer Größe zugeschnitten.[45] Die damals vorherrschende Theorie ging davon aus, daß nur Bauern mit mittlerer Betriebsgröße das Umstellungsrisiko verkraften könnten und die Kreativität besäßen, sich auf die neue Technologie einzustellen. Perelman berichtet, wie sich diese Theorie in Pakistan auswirkte: «Eine Studie der Weltbank schätzt, daß für jeden in Pakistan verkauften Traktor zwischen 7,5 bis 11,8 Vollzeitarbeitsplätze verloren gehen... Nach der Anschaffung eines Traktors stieg die durchschnittliche Betriebsgröße innerhalb dreier Jahre um 240% – meist durch die Vertreibung von Pächtern.»[46] Die Beschäftigungsrate pro kultiviertem Acre fiel um 40%. Schätzungen kamen im Fall von Indonesien zu dem Ergebnis, daß nur 25% der Bauern in irgendeiner Weise von der «Revolution» profitierten. In Mexiko – dort, wo alles begonnen hatte – gaben die Angestellten der Rockefeller Foundation frank und frei zu, daß ihre Arbeit den Armen kaum geholfen habe.[47] Tatsächlich hatte diese Form der landwirtschaftlichen Entwicklung zunehmende Verstädterung zur Folge – die Armen wurden von ihren Feldern vertrieben und zur Abwanderung in die Ballungsgebiete gezwungen, wo sie sich teure Getreideprodukte kaufen mußten, die auf Feldern gewachsen waren, auf denen sie einst billige Leguminosen geerntet hatten.

In einem Zeitraum von zwei Dekaden wurden die vielfältigen Landwirtschaftssysteme der Dritten Welt und die sie umgebenden Sozialstrukturen aus den Angeln gehoben, vernichtet und durch ein westliches Modell ersetzt. Sowohl die Nutzpflanzen wie die Ökonomien Asiens, Afrikas und Lateinamerikas sind unter dem Vorwand, daß die Hungernden mit Nahrung versorgt werden müßten, mit Gewalt in die westliche Marktwirtschaft einbezogen worden. Der Dritten Welt wird ein Ernährungssystem aufgedrängt, das nicht einmal in der Ersten Welt gut funktioniert und die Gefahr in sich birgt, die alternativen Möglichkeiten der armen Länder zu vernichten. Und dieser Weg zur Hölle war mit mehr gepflastert als nur mit guten Vorsätzen. Bettina Conn schreibt zur Anfangsphase der Grünen Revolution: «Die Repräsentanten des IRRI berieten gleichzeitig Firmen des amerikanischen Agrobusiness sowie Produzenten von landwirtschaftlichem Gerät, denen sie nahelegten, das Investitionspotential in den weniger entwickelten tropischen Agrargebieten zu untersuchen.»[48] Die Botschaft des IRRI stieß nicht auf taube Ohren.

Im Saatgut liegt der Schlüssel zum Agrarhandel mit der Dritten Welt. Das internationale Agrobusiness begann sich bereits zu einem frühen Zeitpunkt des Saatguthebels der Grünen Revolution zu bemächtigen.

Obwohl Borlaug seine HYV-Saaten mit staatlichen und Stiftungsgeldern entwickelte, und obwohl ihre Vermehrung durch die mexikanische National Promotion Agency for Seeds (NPAS) mit Hilfe der nationalen Saatguterzeugerverbände kontrolliert wurde, fiel ein großer Teil des Außenhandels mit Hochertragssaatgut den multinationalen Konzernen zu. Dan Morgan berichtet in seinem Buch *Merchants of Grain*: «Als jedoch die Nachfrage nach dem mexikanischen Saatgut stieg, nahmen mehrere Genossenschaften und mindestens eine Privatfirma die Produktion von zertifiziertem Saatgut auf. Mexikanische Banken finanzierten einen Teil der Entwicklung, aber Cargill und Continental begannen damit, Vorausverträge über Saatgut mit den Bauern und Genossenschaften abzuschließen ... Auf diese Weise hatten die Privatfirmen in vielen Fällen eine Option auf erhebliche Mengen des Wunderweizens aus Mexiko, nach wie vor der wichtigste Produzent von Hochertragssaaten.»[49] Morgan berichtet im weiteren von einem Fall, wo sich Cargill und Continental 1977 bevorzugte Bezugsbedingungen für HYV aus Mexiko sicherten und damit eine Anzahl europäischer Konkurrenten aus dem Rennen warfen.[50] Als die HYV-Saaten aus dem Bereich der staatlichen Subventionierung in den freien Handel gelangten, wurden sie zu Spekulationsobjekten und Profitquellen des Agrobusiness.

Hat man erst einmal die Kontrolle über das Saatgut, ist man der Kontrolle über die gesamte Nahrungskette schon recht nahe: man kann bestimmen, welche Pflanzen angebaut werden, welche Agrochemikalien eingesetzt werden müssen und wo die Produkte verkauft werden. Die Experten der FAO haben 1974 auf der Welternährungskonferenz in Rom den Bedarf an HYV-Saatgut für 1980 geschätzt (Vgl. Tabelle 8). Die vermutete Wachstumsrate bedeutete zugleich ein enormes Marktpotential für das Agrobusiness. Die Kontrolle über den Saatgutsektor stellt die zweite Phase der Grünen Revolution dar.

Tabelle 8: Geschätzter Bedarf an Saatgut von Hochertragssorten für 1980

Pflanze	Anstieg in Prozent gegenüber 1974	Geschätzter Bedarf in Tonnen
Reis	50	230000
Weizen	60	700000
Mais	40	200000
Hirse, Sorghum	20	45000

Quelle: Aus dem Informationsmaterial für die Welternährungskonferenz (Rom 1974).

Kapitel 5
Die Saatgutrevolution

«Die internationale Saatgutbranche ist einer der am schnellsten wachsenden und profitabelsten Wirtschaftsbereiche im Gefüge der Welternährung ... Bei vielen wichtigen Saatgutsorten besteht eine weltweite gegenseitige Abhängigkeit ... Als Folge ihrer günstigen Zukunftsperspektiven und der hohen Gewinnspannen hat eine Anzahl von multinationalen Konzernen Firmenaufkäufe im Bereich der Saatgutbranche getätigt oder erwägt diese. Führend in dieser Hinsicht ist eine Gruppe bedeutender Konzerne der Sparten Pharmazie, Chemie, Erdöl und Nahrungsmittel.»

L. William Teweles & Co., 1978

«Die Saatgutwirtschaft kann sich nicht isoliert entwikkeln. Die Anwender hochwertigen Saatguts brauchen auch die entsprechenden Betriebsmittel wie Düngemittel, Pestizide, Maschinen und Wasser ... Die Vermarktung von Saatgut läuft oft über dieselben Kanäle, die auch für die Betriebsmittel verwendet werden. Es sind besondere Überlegungen dazu nötig, wie alle landwirtschaftlichen Investitionsgüter noch effektiver über dieselben Kanäle vermarktet werden können.»

Seed Industry Development, FAO, 1976

«Auf den Philippinen ... baute ESSO ein Netz von 100 landwirtschaftlichen Servicezentren auf, wo die Bauern Saatgut, Pestizide und landwirtschaftliches Gerät sowie Dünger vom ESSO-Händler beziehen können.»

Michael Perelman, *Farming for Profit in a Hungry World*, USA 1977

«In weniger als drei Jahren ist allein der Preis für zertifiziertes Saatgut der Hochertragssorten um beinahe 100 % gestiegen.»

Farmers Assistance Board Inc., Philippinen, 1978

Erfolgreiche Pflanzenzucht hängt von vielen Variablen ab: Bodengüte, Niederschläge, Insekten- und sonstiger Tierbestand können von Kilometer zu Kilometer anders sein und die Sorte, die an einem bestimmten Standort angebaut werden soll, erheblich beeinflussen. Die Consulting-Firma L. Wm. Teweles & Co., hindert dieser Sachverhalt jedoch nicht, in der von ihr für Regierungen und multinationale Unternehmen erstellten Global Seed Study davon auszugehen, daß Saatgut heute eine Welthandelsware ist.[1] Teweles & Co. sieht die Lage so: Die ganze Welt hängt von einigen wenigen Nutzpflanzen ab; Mais kann von Kanada bis Tansania angebaut werden, Sojabohnen sind in allen gemäßigten Klimazonen zu finden, und Weizen schließlich gedeiht so gut wie überall. Die Züchter der Großunternehmen müssen ihre Sorten zwar von Fall zu Fall – gegebenenfalls unter erheblichem Aufwand – an die verschiedenen Märkte genetisch anpassen; wenn sie jedoch mit der züchterischen Entwicklung einer bestimmten Nutzpflanze begonnen haben, können sie davon ausgehen, daß sie sich weltweit verkaufen läßt.

Die Grundlagen der internationalen Saatgutwirtschaft wurden von der Grünen Revolution und den bi- und multilateralen Entwicklungshilfeprogrammen gelegt, die für sie eingerichtet wurden. Zum Beispiel erlaubte es der Chemikalienbedarf der HYV-Sorten der agrochemischen Industrie, eine globale Vermarktungsstruktur aufzubauen, die von den Regierungen massiv subventioniert wurde. «Phase zwei» entwickelte sich logischerweise mit der Übernahme der Saatgutprogramme durch die freie Wirtschaft, das heißt durch die von Teweles & Co beschriebenen multinationalen Konzerne der pharmazeutischen, chemischen und der Petro-Industrie.

1. Die Elemente der zweiten Phase

In den frühen sechziger Jahren zeichneten sich zwei gleichzeitige Entwicklungen ab. Bereits 1957 begann die FAO eine World Seed Campaign, die zum World Seed Year 1961 führte.[2] Gleichzeitig setzte sich in Europa die Forderung durch, neuentwickelte Sorten unter einen patentähnlichen Schutz zu stellen. Das *World Seed Year* erreichte seinen Höhepunkt am 2. Dezember 1961, als die Internationale Konvention zum Schutz von Pflanzenzüchtungen beschlossen wurde. Diese sogenannten «Pflanzenzüchterrechte» oder der «Sortenschutz» ermöglichten es den Züchtern zum ersten Mal, für neue Sorten Lizenzgebühren zu verlangen und die Verbreitung ihrer patentierten Sorten zu kontrollieren. Das Fehlen dieses patentartigen Schutzes hatte zuvor die großen Konzerne von einer Beteiligung an diesem Geschäft abgehalten.

Erst in jüngerer Zeit halten die privaten Züchtungsfirmen der Industrienationen auch für die Entwicklungsländer ein patentähnliches Sortenschutzrecht für notwendig und berechtigt. In einer Reihe von Entwicklungsländern werden gegenwärtig Vorbereitungen für derartige

Regelungen getroffen. Auch bisher war der Sortenschutz in der Dritten Welt bereits unter den verschiedensten Bezeichnungen – zum Beispiel Erzeugerzertifikate, Überlassungsverträge, Rechtevergabe – weithin gesichert. Der Schlüssel der multinationalen Konzerne zu den überseeischen Märkten war die Verbreitung der Hochertragssorten (HYV) und die daraus resultierende Abhängigkeit der Bauern von neuen Sorten und Chemikalien. In den Industrienationen hingegen wurden patentähnliche Schutzrechte schon seit langem als entscheidend für eine sichere Geschäftsabwicklung und Verbreitungskontrolle über die eigenen Sorten betrachtet. Viel wichtiger als die anfallenden Lizenzgebühren jedoch ist, daß das Sortenschutzrecht den Konzernen die Möglichkeit eröffnet, den Markt zu beherrschen.[3]

Das Saatgutverbesserungs- und Entwicklungsprogramm der FAO

Anfang 1978 gab das Saatgutverbesserungs- und Entwicklungsprogramm der *FAO* (Seed Improvement and Development Programme/ SIDP) den Politikern der Dritten Welt den Rat: «Während die Regierungen in der Entwicklung von Züchtungsprogrammen immer eine wichtige Rolle spielen, sollten sie diese jedoch nicht monopolisieren oder nach außen abschotten. Eine Beteiligung des nichtstaatlichen Sektors an der Saatgutproduktion und -Vermarktung sollte durch Anreiz wie Sonderkredite, steuerliche Abschreibungsmöglichkeiten, Leasingmodelle für den Erwerb von Betriebsgelände und Gebäuden sowie maschinellen Einrichtungen, Pachtverbilligung, technischer Hilfe, Lockerung der Landerwerbsbestimmungen und Zugangsmöglichkeiten zu den grundlegenden Saatgutressourcen der staatlich entwickelten Sorten aktiv gefördert werden.»[4] Unter Ausklammerung der Qualitätskontrolle vertrat das SIDP die Interessen der internationalen Saatgutwirtschaft mit Nachdruck. In einem Bericht aus dem Jahre 1976 schlug das SIDP vor: «Die Bauern sollten zur Erzielung höherer Erträge so bald wie möglich mit einem Paket aufeinander abgestimmter Betriebsmittel wie Qualitätssaaten, Dünger, Bewässerung, Pflanzenschutzmittel und Maschinen ausgestattet werden.»[5] Ein derartiger Paket-Ansatz, der der internationalen Saatgutwirtschaft so viel bedeutet, macht vielen Wissenschaftlern Sorge.[6]

An anderer Stelle setzt sich das SIDP auch mit der Möglichkeit der Verabschiedung von Sortenschutzgesetzen in der Dritten Welt auseinander: «Zur Förderung der privaten Forschungstätigkeit wurden in vielen Fällen entsprechende Gesetze in Kraft gesetzt. Ob diese Notwendigkeit für ein bestimmtes Land besteht, müßte jeweils untersucht werden.»[7] Weiter wird die Frage gestellt: «Ermutigt das bestehende System die private Forschungstätigkeit, oder wirkt es eher abschreckend? Würde eine Schutzgesetzgebung den laufenden oder für die Zukunft geplanten Saatgutprogrammen nützen?»[8] Der Bericht empfiehlt, sich von der International Seed Testing Association (ISTA) näher beraten zu lassen.[9]

Das SIDP steht an der Spitze derjenigen, die den Regierungen der Dritten Welt Subventionen für die Anwendung agrochemischer Hilfsstoffe und den Erwerb von Saatgut ans Herz legen. Michael Perelman weist darauf hin, daß an einem bestimmten Punkt der Grünen Revolution «nach Schätzungen der Weltbank ungefähr die Hälfte aller Käufe in der Dritten Welt aus staatlichen Hilfsprogrammen finanziert wurden»[10]. Gelegentlich schuf das Subventionswesen Probleme, ebenso oft aber auch Chancen. P. H. Nelson und A. Kuhn von der Kleinwanzlebener Saatzucht AG in Einbeck (KWS), einem deutschen Saatgutkonzern, berichteten 1973 vor einem internationalen Saatgutsymposium, daß «die Regierungen den Saatgutpreis oft an die – niedrigen – Nahrungsmittelpreise binden. Dies wirft für den privatwirtschaftlichen Sektor Probleme auf. Die privaten Saatguterzeuger müßten den Verkaufspreis eigentlich über den subventionierten Preis hinaus erhöhen, um auf ihre Gestehungskosten zu kommen. Wenn der Preis des Endprodukts staatlich überwacht wird, ist es sehr fraglich, ob die Saatgutpreise erhöht werden können, ohne daß die Nachfrage nach Qualitätssaatgut erheblich zurückgeht.» KWS hatte jedoch eine Lösung parat: «Eine wünschenswerte Alternative bestünde darin, daß die Regierungen Programme zur Unterstützung der betroffenen Privatindustrie entwickeln.»[11]

KWS gab als einer der führenden europäischen Saatgutkonzerne – mit Interessen u. a. in Nordamerika – dem Symposium, das unter der Schirmherrschaft der FAO stattfand, einen nützlichen Überblick über die Phasen der Grünen Revolution: «... direkte Saatgutimporte wurden weithin mehr als Übergangs-, denn als langfristige Lösung betrachtet. Mit dem Anstieg der Nachfrage wurde der Import von zertifiziertem Saatgut allmählich eine Belastung für die knappen Devisenvorräte der Abnehmerländer. Zudem brachten die importierten Sorten nicht immer die erwarteten Erträge, weil sie auf Umweltbedingungen gezüchtet worden waren, die nicht denen der Importländer entsprachen. In der Folge versuchte eine wachsende Zahl von Entwicklungsländern, eine eigene Saatgutindustrie aufzubauen.»[12] Nelson und Kuhn fahren fort: «Die Strategie, die häufig zur Erreichung dieses Ziels eingesetzt wurde, umfaßte den Versuch, ausländische Unternehmen der Saatgutbranche durch Beteiligung an Joint Ventures mit einheimischen Investoren an dieser Aufgabe zu beteiligen.»[13]

Die «zweite Phase» der Grünen Revolution geht unter Hilfestellung des SIDP in die Hände des Agrobusiness über. Die American Seed Trade Association (ASTA) zum Beispiel organisierte ein Konsortium von 42 amerikanischen Firmen, das den Verkauf in Süd- und Mittelamerika sowie in einigen asiatischen Ländern – etwa in Südkorea – heben soll. D. Kenneth King von Northrup-King (einem Giganten auf dem amerikanischen Saatgutmarkt, der inzwischen der schweizerischen Sandoz AG gehört), meint dazu: «Die Auslandsmärkte öffnen sich nur langsam, aber sie sind äußerst attraktiv.»[14]

Der Weltmarkt ist für die Saatgutkonzerne in der Tat äußerst attraktiv. Der Umkehrschluß muß jedoch nicht unbedingt stimmen – zumindest für die Dritte Welt. Ein internes Diskussionspapier, das für die amerikanische President's Commission on World Hunger erarbeitet wurde, gibt einen Überblick über die möglichen Beitrage amerikanischer Firmen zur Lösung des Welternährungsproblems. In dem sonst durchaus akzeptablen Beitrag finden sich schwerwiegende Schwächen, die von Cary Fowler folgendermaßen zusammengefaßt wurden: «(Die multinationalen Konzerne des Agrobusiness) wissen nicht, wie Nahrung an die Armen verteilt werden muß.»[15] Das Diskussionspapier stellt weiter fest, daß «... die großen zentralisierten US-Unternehmen wenig Erfahrung, Know-how und Interesse haben, wenn es um die Vermarktung von Produkten an weitverstreute Konsumenten mit geringem Einkommen und fremdartigen Lebensgewohnheiten und Geschmäckern geht».[16]

Das Know-how der Konzerne liegt im Bereich des landwirtschaftlichen und Futtermittelexports. Bettina Conn ist ebenfalls uneingeschränkt der Meinung, daß diese Analyse auf die Saatgutindustrie so sehr zutrifft wie auf alle anderen Teile des Agrobusiness: «Dringend benötigtes Ackerland in Indien ist heute mit Sojabohnen-Saatgut bestellt, das für den Export durch amerikanische Firmen auf den Londoner Markt bestimmt ist.»[17] Das SIDP ist ganz bestimmt kein übelwollendes Monster. Es sieht jedoch sehr danach aus, als ob es die Übersicht verloren hätte, und es ist häufig anderer Ansicht als andere Teile der FAO. Seine Haltung zur Rolle der privaten Saatgutindustrie in den Entwicklungsländern beispielsweise zeugt nicht eben von Weitsicht – was zu Bedenken hinsichtlich der sachlichen Richtigkeit des Gesamtprogramms Anlaß gibt.

Die Rolle der internationalen Verbände

Die vermutete Konfusion innerhalb des SIDP hat auch auf Seiten der Saatgutindustrie zu Unzufriedenheit geführt. Auf einem 1973 in Wien abgehaltenen Symposium nahm sich H. H. Leenders von der FIS – Fédération Internationale des Semences – eigens die Zeit, um die FAO darauf hinzuweisen, daß ihre Mitglieder die Richtlinien des SIDP zum Sortenschutz «heftig kritisieren»[18]. Leenders mag dabei an ein Handbuch zur Produktion, Qualitätskontrolle und Verteilung von Getreidesaatgut gedacht haben, das von W. P. Feistritzer herausgegeben wurde und Bedenken über den Nutzen der patentartigen Sortenschutzbestimmungen anmeldete.[19] Tatsächlich legte Feistritzer dem Wiener Symposium eine Studie zu den Saatgutentwicklungsprogrammen der Dritten Welt vor, die allen klar machte, daß das Schutzsystem – egal welcher Prägung – auf jeden Fall negative Auswirkungen haben müsse.

Die beiden wichtigsten internationalen Interessenvertreter der Saatgutindustrie sind die FIS und die International Seed Testing Association (ISTA). Die beiden Organisationen wurden bereits in den zwanziger Jahren gegründet und arbeiten über die European and Mediterranean Plant Protection Organization (EPPO) sowie den Internationalen Verband der Pflanzenzüchter für den Schutz von Pflanzenzüchtungen (Association Internationale des Sélectionneurs pour la Protection des Obtentions Végétales / ASSINSEL) eng zusammen. Hauptaufgabe dieser Verbände ist es, die Verbindungen zu Regierungen und UN-Unterorganisationen zu pflegen; derzeit stellt der Sortenschutz den Schwerpunkt ihrer Tätigkeit dar.

Die Anwälte des patentähnlichen Sortenschutzes

Erst internationale Konventionen verhelfen dem Patentschutz zur vollen Wirksamkeit. Sie stehen für die langsame und mühselige Durchsetzung weltweit gültiger Regeln, die Erfindungen schützen – ein Prozeß, der sich bis ins Venedig des 15. Jahrhunderts zurückverfolgen läßt.[20] In einer Welt, in der Technologie den Weg zu Profiten ebnet und Patente die Garanten technologischer Vormacht sind, steht die WIPO – die World Intellectual Property Organization – im Zentrum mancher der finanziell bedeutsamsten juristischen Auseinandersetzungen, die jemals vor Gericht ausgetragen wurden. Die über eine Million Patentschriften, die ihr jedes Jahr zugehen, werden vom INPADOC – dem International Patent Documentation Centre – gespeichert und bearbeitet.[21] WIPO wurde 1974 die vierzehnte Unterorganisation der UN; kurz nach ihrer Gründung wurde auch die UPOV – Internationaler Verband zum Schutz von Pflanzenzüchtungen/Union Internationale pour la Protection des Obtentions Végétales – in halboffizieller Position in das Gefüge der UN eingegliedert.[22]

Die Mehrheit der 106 Mitgliedsländer der WIPO sind Entwicklungsländer. Die WIPO betreibt ein Permanent Programme for Development Co-operation, zu dem auch regelmäßige regionale Symposien gehören, deren Zielgruppe aus den leitenden Beamten der Verwaltungen und Regierungsapparate der Entwicklungsländer besteht. Zusätzlich entwirft sie für die Entwicklungsländer patentrechtliche Mustergesetzentwürfe. Der Generaldirektor der WIPO ist zugleich Generalsekretär der UPOV[23]; und obwohl sich die Mustergesetzentwürfe der WIPO gegen patentschutzähnliche Regelungen auf dem Gebiet der Pflanzenzucht aussprechen, ermutigen sie die Züchter, die Sortenschutzbestimmungen der UPOV als Alternative zu betrachten.[24]

Die UPOV: Sortenschutz in Bewegung

Betrachtet man die Beziehung zwischen Sortenschutz im allgemeinen und der Internationalen Konvention dazu im besonderen, so kann über die UPOV gesagt werden, daß sie als Motor und Hauptkontrollmechanismus des Gesamtsystems anzusehen ist. Die Kenntnis der Voraussetzungen und Konsequenzen dieses Systems ist für Länder der Dritten Welt besonders wichtig, da die UPOV derzeit versucht, mehr Entwicklungsländer zur Mitgliedschaft in der Konvention zu bewegen.

In einem kürzlich erschienen Memorandum der FAO wird die UPOV wie folgt beschrieben:

«Die UPOV ist eine Vereinigung von Ländern (mit einer durchstrukturierten Saatzuchtbranche und weitgehenden gesetzlichen Regelungen), die sich zum Ziel gesetzt haben, den Fortschritt in der Pflanzenzüchtung dadurch zu fördern, daß sie den Pflanzenzüchtern (oder in der Praxis kommerziellen Saatzuchtunternehmen) ein Monopolrecht gewähren ... Die meisten Mitglieder der UPOV sind Industriestaaten.»[25]

Tatsächlich änderte die UPOV im Oktober 1978 ihre Anforderungen, um den USA und Ländern der Dritten Welt den Beitritt zu ermöglichen. Im ersten Fall bedeutete dies eine Anpassung an das Sorten- und Saatgutprüfungswesen der USA. Zum anderen wurden weitere Kategorien der Mitgliedschaft eingeführt, so daß die Mitgliedsbeiträge für Entwicklungsländer erheblich gesenkt werden konnten.

Die Mitgliederwerbung der UPOV konzentriert sich jetzt auf die Dritte Welt, besonders auf Lateinamerika und Afrika. Mexiko ist inzwischen offiziell beigetreten. Argentinien, Bolivien, Brasilien, Chile, Ecuador und Peru erwägen den Beitritt. Die englische Zeitschrift *Agricultural Supply Industry* sah in der Publikation der englischen Ausgabe dieses Buches die Ursache dafür, daß man in Brasilien die Einführung des Sortenschutzes noch einmal überdenke.[26]

Aber auch in Industrienationen ist einiges in Bewegung. Obwohl in

Kanada die Forderung nach einem Weißbuch der Regierung zur Analyse des Problems immer lauter wird – besonders seitens der Westkanadier –, möchte die Regierung die Einführung des Sortenschutzrechts zu einer «Alltagsfrage» herunterspielen. In den *USA* will die Regierung Erweiterungen der bestehenden Patentgesetzgebung einführen. Die National Farmers Union kritisiert diese Vorschläge heftig und verlangt eine Revision des gesamten Gesetzes. Die Regierung von *Irland* hat eine entsprechende Gesetzesvorlage nur nach großen Schwierigkeiten im Parlament durchgebracht. In *Australien* bereitet die Regierung schon seit einiger Zeit eine Sortenschutzgesetzgebung vor. Eine wachsende politische Opposition baut sich dagegen auf. In *Schweden* sind einige landwirtschaftliche und politische Gruppen mit der gegenwärtigen Sortenschutzgesetzgebung unzufrieden; sie fordern eine vollständige Überarbeitung. Die *Schweizer* Regierung hat ein Gesetz vorgelegt, um der UPOV-Konvention beizutreten, obwohl einige Bauerngruppen bereits auf die bestehende Sortenschutzgesetzgebung ablehnend reagieren.

Die UPOV-Kriterien und ihre Folgen

Nach der UPOV-Konvention müssen geschützte Sorten von Kulturpflanzen folgende Kriterien erfüllen:

a) *Neuheit* (Unterscheidbarkeit) – Eine Sorte kann sowohl entdeckt wie auch entwickelt werden, aber sie muß neu sein, das heißt, sie muß sich von allen bekannten Sorten im Weltsortiment unterscheiden.
b) *Homogenität* – Pflanzen einer Sorte müssen in ihren wesentlichen Merkmalen gleich sein.
c) *Beständigkeit* – Die wesentlichen Merkmale einer Sorte müssen von Generation zu Generation erhalten bleiben.

Sind diese Kriterien erfüllt und ist der Sortenschutz erteilt, dann gelten normalerweise die folgenden «Rechte»:

a) *Vermehrung und Vertrieb* – Eine geschützte Sorte darf nur mit Zustimmung des Sortenschutzinhabers für den Verkauf erzeugt, vertrieben oder angeboten werden.
b) *Lizenzgebühren (Vergütung) und Bedingungen* – Der Sortenschutzinhaber hat das Recht, die Erlaubnis für die Vermehrung oder den Vertrieb seiner Sorte von der Zahlung einer Vergütung und/oder der Erfüllung von Bedingungen abhängig zu machen.

Der Sortenschutz wirkt eigentlich nur beim Verkauf von anerkanntem («zertifiziertem») Saatgut: dem Sortenschutzinhaber ist normalerweise nicht gestattet, andere Züchter an der Verwendung seiner Sorte zur Züchtung weiterer Sorten zu hindern; der Sortenschutzinhaber kann normalerweise nicht verhindern, daß ein Bauer seinem Nachbarn Saatgut verkauft; der Sortenschutzinhaber kann auch keine Lizenzgebühren verlangen, wenn das Saatgut als Nahrungsmittel verwendet wird. Die Mindestdauer des «Schutzes» beträgt meistens 15 Jahre für Gemüse- und Getreidesorten und 18 bis 25 Jahre für Baumarten, Reben, Kartoffeln und Hopfen. Das Sortenschutzrecht bietet einen zusätzlichen Schutz für Bauern und Verbraucher – die «Zwangserlaubnis». Diese Bestimmung besagt, daß ein qualifizierter Züchter bei den zuständigen Behörden die Erlaubnis für die Vermehrung und den Vertrieb einer Sorte beantragen und erlangen kann, wenn der Sortenschutzinhaber für die Sorte unangemessene Preise verlangt oder sie dem Markt vorenthält.

So gut sich diese Kriterien und Bestimmungen anhören, so hat dieses System doch auch seine Schwachstellen. Die Bedingungen für die Zulassung verlangen keine Innovation oder echte Neuerung – wie bei anderen Patenten –, es genügt, eine Sorte lediglich zu «entdecken» oder in einem Feld zu finden. So ist es in der Tat vorstellbar, daß ein Konzern eine Sorte «patentiert», die über Generationen von Subsistenzbauern angebaut wurde, solange diese Landsorte bislang noch nicht formell angemeldet wurde. Einige Wissenschaftler behaupten, daß dieser Fall bereits bei einigen traditionellen mexikanischen Getreidesorten eingetreten ist.[27] Außerdem können Konzerne während dieser «Schutzperiode» ihre Forschungs- und Entwicklungsprogramme ohne großen Schaden vernachlässigen.[28] Dieses Argument wird auch von Studien bestätigt, die in Großbritannien, Kanada und den USA über das Patentsystem erstellt wurden. Sie konnten keinerlei empirischen Beweis erbringen, daß die Gewährung von Patentmonopolen irgendwelche Neuentwicklungen in einer Gesellschaft stimulieren.[29] In bezug auf die Absicherung durch die «Zwangserlaubnis» sind nicht einmal die Vertreter der UPOV von ihrer Wirksamkeit überzeugt. Im Laufe der zwanzigjährigen Geschichte der UPOV hat es bisher nur zwei Fälle gegeben. Die meisten Patentanwälte halten diese Bestimmung für praktisch nutzlos.[30] Meistens erscheinen solche Fälle sowieso als viel zu kompliziert und zu teuer, um sie vor Gericht zu bringen.

Im Blick auf die Organisation selbst ist festzustellen, daß die UPOV trotz zwanzigjähriger Existenz noch erst Studien vorzulegen hat, die auch unabhängige Fragesteller von ihrer Nützlichkeit überzeugen könnten.[31] Die UPOV scheint es auch nicht für nötig zu halten, potentiellen Mitgliedern Hintergrundmaterial oder Argumente für und wider das Patentieren von Pflanzen zur Verfügung zu stellen – obwohl Alternativen zum Patentieren und zur UPOV-Konvention existieren:

«Die Vergabe von Patenten ist nur eines von zahlreichen Programmen und Vorgehensweisen, die von Regierungen eingesetzt werden …

Hinzu kommen Steuervergünstigungen, Kreditprogramme, technische Unterstützung, Zollbestimmungen und sogar die Förderung des Universitätsstudiums. Eine Analyse der Bedeutung des Patentsystems sollte also diesen speziellen Anreizmechanismus nicht als das einzige Instrument betrachten, mit dem der Staat den technologischen Fortschritt anregt und unterstützt ...»[32]

Die weitergehenden Auswirkungen von Patentsystemen im allgemeinen und insbesondere des UPOV-Konzepts auf die Länder der Dritten Welt lassen sich am besten mit folgenden Feststellungen darstellen:

Der Bericht der Brandt-Kommission: «Fast alle Patente der Welt sind in den Industriestaaten eingetragen, und die meisten von ihnen befinden sich in der Hand transnationaler Konzerne. Die meisten Patente, die von Entwicklungsländern gewährt wurden, sind in ausländischem Besitz. Untersuchungen zeigen, daß sie in diesen Ländern oft nicht zur Produktion verwendet werden und ihre Wirkung dann darin besteht, Einfuhrmonopole zu schaffen. Patente werden auch dazu verwendet, Wettbewerber bei einer Investition in Entwicklungsländern auszuschließen. Deshalb hegen Entwicklungsländer die Befürchtung, daß viele wettbewerbsverzerrende Klauseln im gegenwärigen industriellen Patentrecht die Tendenz haben, monopolistische und oligopolistische Praktiken der Konzerne zu unterstützen.»[33]

Aus der FAO heißt es: «Die UPOV mag zwar in Einzelfällen den züchterischen Fortschritt unterstützen. Sie hat auch keinen *direkten* Einfluß auf die Pflanzenzüchtung in Entwicklungsländern – außer der bekannten Tendenz, den privaten Sektor auf Kosten des öffentlichen Sektors zu fördern. Aber es besteht die Möglichkeit, daß sie *indirekt* einen negativen Einfluß auf die Entwicklung der Pflanzenzüchtung auf der ganzen Welt ausübt, der sich besonders auf Entwicklungsländer schädlich auswirken kann.

Tatsächlich hat die ständig zunehmende Konzentration innerhalb des privaten Züchtungssektors bereits einige negative Auswirkungen gezeigt. Da wäre beispielsweise zu nennen, daß die Kosten für Entwicklungshilfeprogramme wegen der gestiegenen Kosten für Saatgut und andere landwirtschaftliche Betriebsmittel stark gestiegen sind; daß für Entwicklungsländer unangemessene Vertriebsmethoden angewendet wurden, die zu äußerst unausgeglichenem Einsatz von landwirtschaftlichen Betriebsmitteln geführt haben; und daß ertragsstarke Exportprodukte nicht selten auf Plantagen angebaut werden, deren Böden ausgezeichnet für die Nahrungsmittelproduktion geeignet wären, auf denen transnationale Konzerne nun aber für den Export produzieren.

Der Ursprung des genetischen Materials von fast allen wichtigen Kulturpflanzen liegt in Ländern der Dritten Welt, während die intensive Pflanzenzüchtung, vor allem in Form der hochentwickelten privatwirtschaftlichen Sortenentwicklungsprogramme, fast ausschließlich in Industrienationen zu finden ist. Und trotzdem steigt die Zahl der Fälle, in denen von Entwicklungsländern verlangt wird, Lizenzgebühren für Sorten zu zahlen, deren genetisches Material ursprünglich aus ihrem eigenen Land stammt.

Schließlich kann noch angemerkt werden, daß die Kommerzialisierung und der daraus folgende wirtschaftliche Wettbewerb, wie sie durch die von der UPOV geförderte Struktur des Züchtungssektors entstehen, zur intensiven Züchtung von neuen Sorten auf einer überaus stark verengten genetischen Grundlage geführt haben, was dann wiederum in einigen Fällen bereits zu weitreichenden Krankheitsepidemien führte.»[34]

Es ist schwer, die möglichen Gefahren zu übertreiben, die von der schon vorhandenen Pflanzenpatentierung ausgehen, wenn man berücksichtigt, daß sich gegenwärtig weltweit über 80 % aller Patente in Händen von Konzernen befinden. Für die technologie-importierenden Länder befinden sich schon nahezu 95 % aller Patente in Händen von transnationalen Konzernen.[35] Selbst die Pflanzenzüchter in den internationalen Agrarforschungszentren sind sich einig darüber, daß Pflanzenpatentierung den freien Austausch genetischen Materials verringert.[36] Die Patentierung von Pflanzen kann geradezu als Ermunterung aufgefaßt werden, Züchtungsmaterial für langfristige kommerzielle Zwecke zu horten. Wenn dies tatsächlich der Fall ist, dann stellt die heutige Situation eine gefährliche Bedrohung für die Sicherheit der Welternährung dar.

Pflanzenpatent oder Sortenschutzrecht?

Der feine Unterschied zwischen einem Patent und einem Recht entgeht vielen – wenn nicht gar den meisten – Politikern. Die UPOV definiert ihn so: «Es mußten zunächst gewisse Schwierigkeiten überwunden werden, weil das System zum Schutz technischer Erfindungen besondere Probleme aufwarf und noch aufwirft, wenn man es auf lebende Substanzen überträgt.»[37] Eine Broschüre der UPOV erklärt dazu, daß «in Wirklichkeit keine einzige Pflanze mit einer anderen identisch ist». Die UPOV gibt zu, daß bestimmte terminologische Fragen noch heiß umstritten sind – so beispielsweise die genaue Definition des Begriffs «Sorte».[38] Die Situation ist letztlich die, daß ein eindeutiger Besitztitel auf Lebewesen höherer Ordnung nicht nachgewiesen werden kann. Weil also Pflanzen die patentrechtlichen Anforderungen nicht erfüllen können, mußte eine andere Möglichkeit gefunden werden – der sogenannte «Sortenschutz». Mit lobenswerter Bescheidenheit räumt die UPOV ein, daß ihre Konvention «nicht alle Probleme» löst.[39] Dennoch spricht die UPOV von der internationalen Gültigkeit des Sortenschutzes.[40]

Feistritzer merkt dazu an: «Die Mitgliedschaft in der Union (UPOV) hat solange keine nennenswerte Bedeutung, wie nicht die gesamte Saatzuchtindustrie eines Landes (Pflanzenzüchtung, Saatgutproduktion, Qualitätskontrolle und Vermarktung) einen hohen Entwicklungsstand erreicht hat.»[41] Weder Feistritzer noch das SIDP können jedoch als Gegner der einschlägigen Regelungen betrachtet werden. 1976 wies Feistritzer die Politiker der Dritten Welt auf die zahlreichen Gründe hin, die für den Ausbau der Saatgutindustrie und die Ausdehnung der Beteiligung des privaten Sektors sprechen: «Die Bauern werden weitere industriell erzeugte Waren benötigen; eine eigene Saatgutindustrie bringt einem Land bei relativ niedrigen Investitionen hohe Gewinne; die Saatgutindustrie ist der wohl beste Katalysator zur Erweiterung des marktwirtschaftlichen Sektors der Landwirtschaft und kann zugleich auch den Außenhandel beleben; Saatgut ist eine Welthandelsware und überwindet die Grenzen leichter und häufiger als alle anderen Handelsgüter.»[42] Feistritzer fügt hinzu, daß das Engagement der privaten Saatgutindustrie in der Dritten Welt bisher «nicht übermäßig» erfolgreich gewesen sei, wofür er vor allem politische und ökonomische Gründe anführte.[43] Er schloß seine Bemerkungen zur Privatindustrie mit den Worten: «Insbesondere die privaten Pflanzenzüchter wären eher gewillt, ihre Sorten zur Verfügung zu stellen, wenn ihnen der erforderliche Schutz garantiert wird.»[44] Diese Analyse geht von der Annahme aus, daß in den Entwicklungsländern eine einheimische, funktionsfähige und private Pflanzenzüchtung vorhanden ist. Da diese Voraussetzung in vielen Entwicklungsländern nicht erfüllt ist, öffnet ein derartiges «Schutzrecht» dem Eindringen ausländischer Interessen Tür und Tor.

Zwei Parallelbewegungen scheinen hier auf globaler Ebene zusammenzukommen: die Grüne Revolution geht in die Hände der Privatwirtschaft über, und zugleich breitet sich der patentähnliche Sortenschutz weltweit aus. Ein genauerer Blick auf die Unternehmen, die diese Entwicklungen betreiben, und die möglichen Folgen des Sortenschutzes – sowohl für die Erste wie die Dritte Welt – ist das Gebot der Stunde.

Kapitel 6
Die neuen «Saatgutherren»

«Den multinationalen Unternehmen bietet sich Saatgut zur weltweiten Vermarktung geradezu an ... die erfolgreiche Tätigkeit der führenden Industriellen verleiht der Möglichkeit des Aufbaus weltweiter Saatgutorganisationen hohe Wahrscheinlichkeit.»

L. Wm. Teweles & Co., 1976

«Der Zweck der kanadischen Sortenschutzgesetzgebung wird es sein, die Produktion neuer Nutzpflanzensorten anzuregen, so daß die kanadische Landwirtschaft mit maximaler Produktion zur Ernährung der Hungernden beitragen kann.»

W. T. Bradnock, Kanadisches Landwirtschaftsministerium, 1977

«Wir verkaufen unser Erstgeburtsrecht für ein Linsengericht.»

Sir Joseph Hutchinson, Oxford 1976

1. Der «Käuferfrühling»

Die L. William Teweles & Co. schrieb 1978 den potentiellen Käufern ihrer *Global Seed Study*: «In den letzten zehn Jahren wurden mindestens 30 Saatgutfirmen mit einem Umsatz von fünf oder mehr Millionen Dollar von großen, bis dahin nicht im Saatgutgeschäft tätigen multinationalen Unternehmen aufgekauft. Mindestens elf solcher Fusionen sollen derzeit im Gespräch sein.»[1] Diese Schätzung allerdings war zu tief gegriffen. In Großbritannien reagierte das Mühlenunternehmen Ranks Hovis McDougall (RHM) schon in Vorwegnahme der Einführung einer Sortenschutzgesetzgebung: Nach einer positiven Stellungnahme des zuständigen Parlamentsausschusses kaufte RHM über 80 Landhandelsfirmen auf, die Verkaufsinteressen im Saatguthandel haben; einige Aufkäufe davon noch in der Woche direkt nach der Verabschiedung der Gesetze im Jahre 1964. RHM beherrscht damit den größten Teil des Einzelhandels mit Getreide-Saatgut in Großbritannien.[2] Nach der Verabschiedung des entsprechenden Gesetzes in den USA (Plant Variety Protection Act) Ende 1970 kam es zu derart umfangreichen Aufkäufen, daß die American Seed Trade Association die Hälfte ihrer Jahresversammlung einem Spezial-Symposium zu der Frage «How to Sell Your Seed Company» widmete.[3] Dieser «Käuferfrühling in der Saatgutindustrie», wie Teweles & Co. den Vorgang umschrieb, war für diejenigen, die mit der Sortenschutzfrage vertraut waren, weder ein Wunder noch eine Überraschung.[4]

Die Käufer waren vor allem multinationale agrochemische Konzerne, jedoch nicht nur reine Agrobusiness-Firmen, sondern Gesellschaften, die ihren Hauptprofit im Pharmazeutika- oder Erdölderivatbereich erzielen. Es gibt aber auch Ausnahmen wie ITT, Anderson Clayton und Cargill; die Branche insgesamt scheint jedoch von Konzernen wie Ciba-Geigy, Sandoz, Pfizer, Upjohn, Monsanto, Union Carbide und Royal Dutch/Shell beherrscht zu sein. Laut *Business Week*, das darauf hinwies, daß die Gewinne der Saatgutindustrie mit einer Rate von 19% pro Jahr steigen, haben nur «wenige amerikanische Industrien Märkte in Aussicht, die so lohnend wären wie die der Saatgutindustrie».[5] Mit der Einführung des Sortenschutzes in Europa, den USA und Japan können die Käufer davon ausgehen, daß zu ihren Gewinnen in Zukunft auch die Lizenzgebühren aus dem internationalen Geschäft hinzukommen. Noch wichtiger jedoch ist, daß die Schutzgesetzgebung den führenden Konzernen eine Möglichkeit eröffnet, auf dem Markt bestimmter Arten eine beherrschende Position zu erreichen. Wie Teweles & Co. ausführt, war die Saatgutindustrie bisher von einer historisch gewachsenen Klein- und Mittelbetriebsstruktur gekennzeichnet – aber reif zur Übernahme durch die Konzerne.[6] Jean-Pierre Berlan, Forscher am französischen landwirtschaftlichen Forschungsinstitut INRA, bemerkte, daß die französische Saatgutproduktion, die früher in den Händen von Familienbetrieben lag, seit der Einführung des Sortenschutzes zusehends die Form eines Oligopols annehme.[7]

Warum ist die agrochemische Industrie so interessiert?

Wenn Sie bereit sind, 25000 Dollar zu bezahlen, wird Ihnen eine Ausgabe der *Global Seed Study* einige Antworten auf die Frage liefern, warum gerade die Chemiekonzerne so großes Interesse an der Saatgutindustrie zeigen. Die chemische Industrie hat seit dem Ende der sechziger Jahre mit der Frage der Sicherheit und Unschädlichkeit ihrer Produkte zu kämpfen. Alte Produkte, die sich als schädlich erwiesen hatten, mußten aus dem Markt genommen werden, bevor sie ihre Entwicklungskosten eingebracht hatten, und neue Produkte werden rigorosen Testprogrammen unterworfen, die sich über Jahre hinziehen. Obwohl die Produkte der Agrochemie weniger oft in die Schlagzeilen gerieten als Nahrungsmittelzusätze oder Medikamente, sind auch sie in letzter Zeit wachsender öffentlicher Kritik ausgesetzt. Es bestehen Befürchtungen, daß Stickstoffdünger die Ozonschicht angreift und damit eine Zunahme von Hautkrebs bewirkt; daß einige Biozide bei Pflanzen, aber auch beim Menschen Mutationen auslösen; und daß Rückstände von Bioziden sich im menschlichen Körper ansammeln und das Krebsrisiko vergrößern. All diese Befürchtungen steigern die Nervosität der Industrie und die Zurückhaltung ihrer Investoren. Teweles & Co. bemerkt hierzu: «Im Gegensatz zu vielen anderen landwirtschaftlichen Zulieferern konnte die Saatgutindustrie Angriffen von Seiten der Verbraucherverbände, der Ökologen und Überwachungskörperschaften bisher aus dem Wege gehen.»[8] In der Vorankündigung der *Global Seed Study* vertritt die Consulting-Firma die Ansicht, daß ein Ausbau der Saatgutforschung von den Umweltschützern positiv aufgenommen würde, weil krankheitsresistentere Sorten zur Verringerung des Chemikalieneinsatzes führen könnten.

Auf das Risiko hin, widersprüchlich zu erscheinen, spricht die Vorankündigung an anderer Stelle von einem erheblichen Marktpotential für «... Saatgutbeizen und -pilieren und den Einsatz von Saatgut als Trägersystem für Chemikalien und biologisch wirksame Substanzen im allgemeinen».[9] Daß der Einsatz von Chemikalien steigen wird, ist allerdings sehr wahrscheinlich. Schon ein flüchtiger Blick in die Patentakten der INPADOC zeigt, daß unter anderem Upjohn, Union Carbide, Monsanto, Diamond Shamrock, ITT und Sandoz auf dem Gebiet der chemischen Saatgutbehandlung arbeiten.

Drittens soll die Studie von Teweles & Co. ihre Käufer auf folgenden Gebieten auf den letzten Stand bringen: «... Vergangenheit, Gegenwart und Zukunft der industriellen Genforschung. Der Wandel in der Rolle des öffentlichen Sektors wird dargestellt. Die internationalen Genvorkommen, Fragen des Sortenschutzes und die neuen Gentechnologien werden detailliert behandelt.»[10] Nach der Meinung von Investitionsberatern wie Dain, Kalman & Quail ist die Branchenbezeichnung «Saatgutindustrie» inzwischen passé. Die in Minneapolis ansässigen Börsenmakler sprechen nur von der «genetischen Industrie» – wobei sie mit einer bestürzenden Unbekümmertheit um die Darwinschen Erkenntnisse Pflanzen und Tiere in einen Topf werfen.[11] Die Firma Upjohn (mit ihrer zentralen Forschungs- und Entwicklungsabteilung in Kalamazoo) und die Firma Fisons (deren Forschungszentrum in Großbritannien liegt) ernten bereits die ersten Früchte eines integrierten Genforschungsansatzes. Es scheint, daß Konzerne des Chemiesektors die sichersten Kandidaten für einen Einstieg ins Saatgutgeschäft sind. Wie Malcolm Salter und Wolf Weinhold in der *Harvard Business Review* kommentierten, diversifizieren Großfirmen in Bereiche «mit ähnlichen

Tabelle 9: Beherrschende Positionen bei nach amerikanischem Recht geschützten Sorten*

Pflanze	Anzahl und Namen der führenden Aufkäufer von Saatgutfirmen		Sortenkontrolle in Prozent
Bohnen	4	Sandoz, Union Carbide, Upjohn, Purex	79
Baumwolle	4	KWS, Pioneer, Southwide, Anderson Clayton	44
Kopfsalat	6	Union Carbide, FMC, ITT, Upjohn, Purex, Celanese	66
Erbsen	2	Sandoz, Upjohn	43
Sojabohnen	8	Sandoz, Upjohn, Purex, Shell/Olin, Pfizer, Kent, KWS, Pioneer	42
Weizen	8	KWS, Ciba-Geigy, Dekalb, Sandoz, Cargill, FMC, Shell/Olin, Pioneer	34

* Von den 562 Patent-«Zertifikaten», die bis zum März 1979 vom US Plant Variety Protection Office ausgestellt wurden, entfielen über 46% auf diejenigen 17 Firmen, die als führende Aufkäufer von Saatgutunternehmen aufgetreten sind; nur etwas über 9% gingen an staatliche Universitäten und landwirtschaftliche Forschungsstationen des öffentlichen Sektors. Von allen ausgegebenen Zertifikaten entfielen 72% auf sechs Arten, bei denen eine Handvoll multinationaler Konzerne eindeutig eine beherrschende Position einnimmt.

Quelle: Offizielle Berichte des Plant Variety Protection Office (USA) aus dem Jahre 1979.

Werbe- und Vertriebsstrukturen, ähnlichen Produktionstechnologien oder ähnlichen wissenschaftlichen Forschungsaktivitäten.»[12] Hinzu kommt noch der Konnex zwischen Genressourcen und Sortenschutz, auf den auch Teweles & Co. hinweist. Der Sortenschutz – ein Eigentumsrecht an lebendem Pflanzenmaterial – gibt der «genetischen Industrie» den erforderlichen Investitionsschutz – die Kontrolle über Genressourcen wird wichtig, und genetisches Material wird zu einer marktfähigen Ware.

Anders ausgedrückt könnten Firmenankäufe im Saatgutbereich den von gesetzlichen Einschränkungen und dem Widerstand der Verbraucher bedrängten agrochemischen Konzernen eine gewisse Stabilisierung und Sicherung ihrer Profite bringen: Wenn die Farmer weniger Biozide einsetzen, brauchen sie größere Anbauflächen, um dieselben Mengen zu erzeugen, und damit mehr Saatgut. Wenn Saatgut andererseits ein Trägersystem für Chemikalien darstellt, würde entweder das Umweltrisiko und die gesundheitliche Belastung der Bauern geringer, oder aber der Chemikalienverbrauch stiege wesentlich an, wenn den Bauern (möglicherweise ohne Alternative) «Pakete», bestehend aus Saatgut plus Agrochemikalien angeboten würden. Schließlich bedeutet Sortenschutz die Kontrolle über die für die zukünftige Züchtung nötigen genetischen Ressourcen. Wie man die Lage auch interpretieren mag – die agrochemischen Konzerne können gar nicht verlieren.

Für die einen läuft diese Entwicklung auf einen vernünftigen, gewinn- und umweltbewußten Zuchtansatz hinaus. Für die anderen scheint dieser Weg jedoch nur zu höheren sozialen Folgekosten zu führen. Beide Seiten sind sich allerdings darin einig, daß in der Saatgutindustrie wichtige Veränderungen vor sich gehen; und niemand leugnet, daß die agrochemischen Firmen in der gegenwärtigen Fusionswelle vornweg marschieren. Weder die Regierungen, die derzeit Sortenschutzgesetze vorbereiten – Irland, Kanada und Australien – noch die Saatgutindustrie selbst haben sich bisher mit dieser Realität und ihren möglichen Folgen beschäftigt. Es geht, ökonomisch gesehen, um einen Markt von 10 Milliarden Dollar (geschätzter Weltumsatz 1978).[13] Die Konzerne haben in den letzten Jahren über 200 Millionen Dollar ausgegeben, um sich die Vorherrschaft im Saatgutsektor durch Fusionen zu erkaufen. Allein 1974 wechselten 4 % der amerikanischen Saatgutindustrie den Besitzer.[14] Die Regierungen der Ersten wie der Dritten Welt wären gut beraten, wenn sie sich vor Verabschiedung derart wichtiger Gesetze so gut wie irgend möglich sachkundig machten.

2 Wer sind die neuen «Saatgutherren»?

Es ist nicht leicht, die Fusionsvorgänge in der Saatgutindustrie nachzuvollziehen. Beispielsweise unterliegen von den 500 führenden amerikanischen Firmen nur wenige der Veröffentlichungspflicht, weil sie sich meist in Privatbesitz befinden. Darüber hinaus wird angesichts der Anzahl der Firmen kaum sichtbar, daß einige wenige Großfirmen die gesamte Branche beherrschen. Mais beispielsweise ist in den USA das bei weitem am meisten gehandelte Saatgut; doch zwei Drittel des Gesamtumsatzes entfallen auf nur vier Firmen; Dekalb, Pioneer, Sandoz und Ciba-Geigy – wobei Dekalb und Pioneer wiederum die Hälfte des Markts beherrschen. Die genannten vier Konzerne und ihre Tochterfirmen beherrschen zudem ungefähr 59 % des Hybridsorghum-Markts in den Vereinigten Staaten. Es ist überdies nicht uninteressant, daß diese

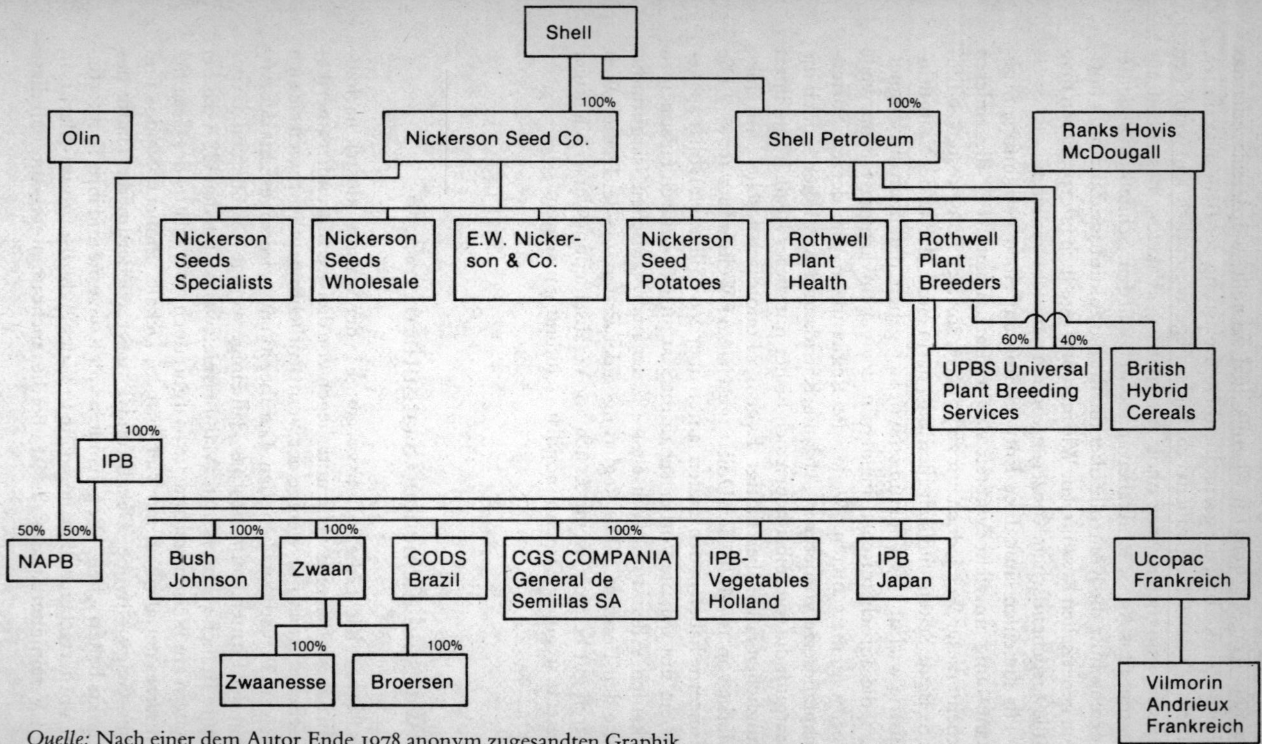

Quelle: Nach einer dem Autor Ende 1978 anonym zugesandten Graphik.

Unternehmen – zumindest bei Hybridmais – tendenziell bestimmte Gebiete bevorzugen, wodurch sie in dem von ihnen gewählten Bereich kaum auf Konkurrenz stoßen.[15] Pioneer ist die «anerkannt größte Maisforschungs- und Entwicklungsfirma der Welt».[16] Die Sandoz-Tochter Northrup-King, die mehrere wichtige Nutzpflanzenarten führt, erzielt den größten Umsatz aller Saatgutfirmen in den USA.[17] In Europa nimmt KWS bei mehreren Arten eine führende Stellung ein. Die weltweit führende Saatgutfirma scheint jedoch Royal Dutch Shell zu sein – ein Erdöl- und Chemiegigant mit Hauptsitz in London/Amsterdam. Diese Firma bestimmt das Geschick von dreißig Saatgutfirmen in Europa und Nordamerika (vgl. Tabelle 10).

Selbst die aufkaufenden Firmen werden ihrerseits aufgekauft. Die *Olin Corp.* – der amerikanische Partner von Royal Dutch Shell bei NAPB (North American Plant Breeders) – ging an Celanese. Celanese, eine Firma, die vor kurzem Cepril und Moran Seeds gekauft hat, produziert auch Kunstfasern, Chemikalien und Kunststoffe. Neben einem Anteil von 40 % an NAPB hat Olin Beteiligungen in den Branchen Chemie, Bleche, Feinpapier, Filme, Waffen und an einer Baugesellschaft. Zusammen kämen die beiden in der Rangordnung der amerikanischen Chemieindustrie auf den sechsten Platz; sie üben in den Branchen Saatgut und Agrochemie beträchtlichen Einfluß aus.[18] Eine Fusion noch größeren Umfangs bahnt sich zwischen Friedrich Flick (Düsseldorf) und W. R. Grace (USA) an. Flick war an der Übernahme von etwa 30 % an Grace interessiert; Grace hat sich auf Chemikalien, Dünger und Rohstoffe spezialisiert.[19] Inzwischen hat Flick sich in nennenswertem Umfang bei Grace engagiert. Beide Firmen stehen in dem Ruf, sich in der Saatgutindustrie nach weiteren Übernahmemöglichkeiten umzutun. In seinem Buch *Chemical Age* beschreibt Phillip Hill eine Fusion auf der anderen Seite des Atlantik, die zur Bildung «eines der größten Düngerkonzerne in Europa» führte: Rhone-Poulenc übernahm zusammen mit PUK 61 % des Kapitals der Sopag, einer zuvor von Gardinier kontrollierten Düngerfirma. Auch diese agrochemischen Unternehmen behalten die Zukunft im Auge – das heißt die internationale Saatgutindustrie. Interessanterweise schlugen Rhone-Poulenc und PUK beim Erwerb von Sopag die – ebenfalls interessierten – Dutch States Mines und Shell aus dem Feld.[20]

Es ist ebenfalls möglich, daß die Fusionsbewegung, in der sich die Agrochemie in den Saatgutsektor einkaufte, zu einem gewissen Teil vom Druck der großen Erdölfirmen ausgelöst wurde, die auf beide Industrien ein Auge geworfen haben. *Business Week* schrieb dazu unter der Sparte «Chemie» im Frühjahr 1978: «Weitere Beteiligungen der Ölfirmen am Saatgutgeschäft scheinen unvermeidlich. Exxon, bereits

Tabelle 11: Aufkäufe neueren Datums im nordamerikanischen Saatgutbereich

Aufkäufer	Saatzuchtunternehmen
Anderson Clayton	Paymaster Farms
	Tomaco-Genetic Giant
Cargill	Dorman Seeds
	Kroeker Seeds
	PAG
Celanese	Cepril Inc.
	Moran Seeds
	Harris Seeds
Central Soya	O's Gold Seed Co.
Ciba-Geigy	Funk Seeds International
	Stewart Seeds
Diamond Shamrock	Taylor-Evans Seed Co.
FMC	Seed Research Association
Garden Products	Gurney Seeds
Hilleshoeg/Cardo	International Forest Seeds Co.
International Multifoods	Baird Inc.
	Lynk Bros.
ITT	O. M. Scott & Sons
	Burpee Seeds
Kent Feed Co.	Teweles Seed Co.
KWS AG	Coker
Monsanto	Farmer's Hybrid Co.
NAPB (Olin und Royal Dutch/Shell)	Agripro Inc.
Pioneer Hi-Bred	Lankhart
	Lockett
	Arnold Thomas Seed Co.
	Petersons
Pfizer	Clemens Seed Farms
	Jordan Wholesale Co.
	Trojan Seed Co.
	Warwick Seeds
Purex	Advanced Seeds

Großproduzent auf diesem Gebiet, plant einen weiteren Schritt nach vorn; das Unternehmen beabsichtigt eine Aquisition, die zu einem ersten Testfall für das Antitrust-Klima in dieser Branche werden könnte.» Der Artikel prognostizierte die gleiche Entwicklung für die Standard Oil of California, deren Chemie-Tochter – Chevron – bereits einen großen Teil des Biozidmarkts an sich gebracht hat.[21] Teweles & Co. rechnet auch Occidental Petroleum – den Eigentümer von Hooker Chemicals – zu denjenigen Ölgiganten, die in der Saatgutindustrie Fuß zu fassen versuchen.[22]

Aufkäufer	Saatzuchtunternehmen
	Ferry-Morse Seeds
	Hulting Hybrids
Sandoz	National-NK
	Northrup-King
	Rogers Brothers
Southwide Inc.	Delta Pineland
Tate & Lyle	Berger & Plate
Tejon Ranch Co.	Waterman-Loomis Co.
Union Carbide	Keystone Seed Co.
	Jacques Seeds
	Amchem Products
Upjohn	Asgrow Seeds

Quellen: Zusammengestellt aus verschiedenen Zeitungen und Zeitschriften; private Mitteilungen

Das Fusionskarussell dreht sich inzwischen womöglich noch schneller, weil die Konzerne von der Verabschiedung der Sortenschutzgesetze in Australien, Irland und Kanada und dem Beitritt weiterer Länder zur UPOV-Konvention ausgehen. Man muß nochmals darauf hinweisen, daß die beteiligten Firmen multinationale Konzerne sind und deshalb weltweit nach neuen Märkten Ausschau halten. So ist etwa der Einfluß europäischer Firmen auf dem amerikanischen Markt nicht zu übersehen. Europa hat auf dem Gebiet des Sortenschutzes einen mehr als zehnjährigen Vorsprung, was bestimmten europäischen Firmen eine internationale Führungsposition im Saatgutgeschäft brachte.

Die Diskussion in der UNO über einen «Verhaltenskodex für transnationale Konzerne» geht davon aus, daß es bestimmte Bereiche von vitalem Interesse gibt, die zu wichtig sind, um den Interessen der Konzerne überlassen zu bleiben.[23]

Es ist zu wünschen und zu fordern, daß den genetischen Ressourcen eines Landes und seiner Versorgung mit Saatgut diese grundlegende Bedeutung zugemessen wird.

Mögliche Folgen für die Dritte Welt

Nicht selten werden den Entwicklungsländern Technologie-«Pakete» aufgezwungen, die sie nicht zurückweisen können – zu Preisen, die sie sich nicht leisten können. Eine spezielle UN-Studie zu diesem Problem aus dem Jahre 1974 kam zu dem Schluß, daß die Dritte Welt auch durch die Patentgesetzgebung tendenziell geschädigt wird. So hat beispielsweise Indien versucht, die Höhe von Lizenz- und Tantiemenzahlungen

Tabelle 12: Die wichtigsten Konzerne mit agrochemischen und Saatgutinteressen

Fortune Rang*	Konzern	Gesamtumsatz (in 1000 US $)	Beschäftigte
252	Anderson Clayton	947953	12757
–	Cargill**	10000000	–
106	Celanese	2320000	32100
115	Central Soya	2177385	9500
52***	Ciba-Geigy	4151660	74080
166	Diamond Shamrock	1530382	11279
103	FMC	2373234	44249
273	International Multifoods	847030	7895
11	ITT	13145664	375000
	Kent Feed Co.	70000	400
44	Monsanto	4594500	61519
174	Olin	1472500	22000
126	Pfizer	2031925	40200
397	Purex	491219	7100
1***	Royal Dutch/Shell	39700000	155000
126***	Sandoz	1993348	35605
118***	Tate & Lyle	2143116	20015
	Tejon Ranch Co.	21900	75
21	Union Carbide	7036100	113669
217	Upjohn	1134325	18830

* Rangliste in der amerikanischen Industrie nach der von Fortune vorgenommenen Bewertung.

** Das Unternehmen unterliegt nach amerikanischem Recht keiner Veröffentlichungspflicht.

*** Fortune-Rangliste der nichtamerikanischen Unternehmen.

Quelle: Fortune vom Mai 1978 und August 1978.

für Technologieimporte zu begrenzen, mußte den Versuch jedoch als nahezu hoffnungslos abbrechen.[24] Der Weltmarkt bietet den Exporteuren zu viele Ausweichmöglichkeiten. Waren mit Handelsnamen bieten das klassische Beispiel eines nicht patentrechtlich geschützten Produkts. Die Firmen, die sie vertreiben, können durch Werbung einen patentähnlichen Effekt erzielen; die Konsumenten fragen dann eher nach dem Markennamen als nach der Art des Produkts. Viele Länder der Dritten Welt sind über diese Situation besorgt. Nach einem Bericht des UNCTAD-Sekretariats schlug die mexikanische Regierung 1976 die Ächtung der Handelsnamen vor.[25]

Tabelle 13: Die führenden Saatgutunternehmen der USA

Pflanze	Unternehmen	Dahinterstehender Eigentümer
Mais	Pioneer	
	Dekalb	
Luzerne	Northrup-King	Sandoz
	Funk	Ciba-Geigy
	Pioneer	
Gemüse	Burpee	ITT
	Asgrow	Upjohn
Sorghum	Cargill	
	Funk	Ciba-Geigy
	Pioneer	
	Asgrow	Upjohn
Gras	Vaughn Jacklin	
	O. M. Scott	ITT
Baumwolle	Acco	Anderson Clayton
	Coker	KWS AG
	Delta Pineland	Southwide Inc.
Hybridweizen	Pioneer	
	Dekalb	
	Cargill	

Quellen: Focus: Pioneer', Investmentstudie von Dain, Kalman and Quail, März 1974; The Graham Centre, 1979.

3 Die Bedeutung des Sortenschutzes

Die Zukunftsaussichten der neuen «Saatgutherren» nehmen sich auch ohne Sortenschutz mehr als freundlich aus. Die Grüne Revolution hat eine weltweite Nachfrage nach Saatgut geschaffen und den Konzernen den Aufbau von Marketing-Systemen erleichtert. Die Verknüpfung von Saatgut- und Chemieforschung scheint an sich schon ein starker Anreiz für vermehrtes Interesse an der Pflanzenzucht zu sein. Die Schlüsselrolle des Saatguts in der Nahrungskette und die weltweite Abhängigkeit von einigen wenigen Hauptnutzpflanzen müßte ebenfalls schon an sich das Interesse der Konzerne auf sich ziehen. Ist es nicht eher so, daß die Technologie der chemischen Saatgutaufbereitung und die im Rahmen der Entwicklungshilfe fließenden Gelder für die raschen Veränderungen in der Saatgutindustrie einen größeren Anreiz bilden als die Sortenschutzgesetze? Kann das Interesse der Regierungen am Sortenschutz nicht sogar als Versuch gewertet werden, die Züchtung nichthybrider Sorten durch Angleichung des Schutzes und der Profitanreize zu fördern, da Hybriden ja sowieso einen «eingebauten Patentschutz» haben? Wenn dem so wäre, könnte der Sortenschutz als vernünftige Angelegenheit betrachtet werden, die dazu geeignet ist, die genetischen Ressourcen zu sichern und die Umwelt zu schützen.

Angesichts der Theorie, daß die chemische Saatgutaufbereitung den Einsatz von Chemikalien insgesamt reduzieren könne und der Sortenschutz die Entwicklung nichthybrider Sorten fördere, ist es nur schwer zu verstehen, warum die Sortenschutzgesetzgebung nicht zur Hauptforderung der Landwirte und der ökologischen Bewegung geworden ist. Die Antwort besteht natürlich darin, daß Argumente dieser Art ihre Glaubwürdigkeit irreparabel schädigen würden. Die Farmer erwarten von den agrochemischen Firmen ja nicht, daß diese den Bedarf an ihren Produkten selbst reduzieren; und niemand erwartet wohl, daß die Konzerne sich wegen des Sortenschutzes die Möglichkeit entgehen lassen werden, die Bauern mit Hilfe ihres Hybrid-Saatguts jedes Jahr aufs neue in ihre Verkaufsstellen zu zwingen.

Es gibt jedoch wohl eine einfache Erklärung für die Begeisterung der wichtigsten Konzerne für diese Art der Gesetzgebung. Durch den patentähnlichen Sortenschutz scheint die Zukunft dieser Industrie – und damit auch das Interesse der Investoren – auf lange Sicht gesichert. Eine bestimmte Sorte kann praktisch nicht mehr von einer anderen Firma geschützt werden. Die Lizenzgebühren für geschützte konventionelle, nichthybride Sorten decken die Kosten der Hybrid-Forschung mit ab. Nur größere Firmen können sich die für die Hybrid-Forschung notwendigen Anlaufzeiten und Investitionen in die Werbung leisten. Kleinere Firmen müssen aus dem Markt ausscheiden. Dies ist ein Beispiel, wie der Sortenschutz zu einem Hebel wird, mit dessen Hilfe sich die Zahl der Wettbewerber verringern läßt.

Für die Konzerne sind außerdem die enggefaßten Kriterien für die Anerkennung einer Sorte nichts mehr und nichts weniger als ein hilfreicher Selektionsmechanismus, der die innovativen Anstrengungen kleinerer Unternehmen abblockt.[26]

Der Sortenschutz bringt der interessierten Großindustrie etliche weitere Vorteile. Haben die Regierungen durch einschlägige gesetzliche Regelungen erst einmal den Weg für Investitionen der Konzerne freigemacht, wie können dann staatliche Zuchteinrichtungen noch mit dem Privatsektor mithalten, der dieselben Sorten anbietet? Nicht lange, und die neuen Züchter werden wegen der Wettbewerbsverzerrung Zeter und Mordio schreien und die Beendigung der unfairen öffentlich-rechtlichen Konkurrenz verlangen. Warum, können sie argumentieren, soll der Steuerzahler öffentliche Zuchteinrichtungen finanzieren, wenn deren Aufgabe auch von Privatfirmen geleistet werden kann und schon wird? Wäre es nicht sinnvoller, wenn der Staat in Bereichen arbeitet, die von der Privatwirtschaft nicht abgedeckt werden?

Die Kontrolle über die Sorten ist der Schlüssel; der Sortenschutz durch den Gesetzgeber ist der Haupthebel. Die gesetzlichen Regelungen bestehen aus zwei Bereichen: den Vorschriften zur Qualitätskontrolle des Saatguts, das in den Handel gelangt (d. h. Saatgutverkehrsbestimmungen), sowie den patentähnlichen Bestimmungen der Sortenschutzrechte, die es den Firmen ermöglichen, den Preis und den Vertrieb der von ihnen entwickelten Sorten zu kontrollieren. Sind keine «Patentregelungen» vorhanden und keine Konzerne auf dem Markt beherrschend vertreten, dann bilden die Saatgutverkehrsbestimmungen einen Schutzmechanismus zugunsten der Bauern. Ist ein Sortenschutzrecht jedoch gegeben, dann schützt es zusammen mit den Saatgutverkehrsbestimmungen die beteiligten Konzerne.

Die neuen «Saatgutherren» haben das Wesen der Saatgutbranche mit folgenden Mitteln völlig umgekrempelt: neue Zuchtziele, Koppelung mit der Agrochemie, Zunahme gesetzlicher Regelungen und staatliche Eingriffe. Dies werden sie auch in Zukunft tun, besonders angesichts der zunehmenden Internationalisierung und Verbreitung von Sortenschutzgesetzen.

Sortenschutzbestimmungen

Die Sortenschutzgesetze – patentähnliche Rechte der Züchter an ihren Sorten – werden sich auf die Landwirtschaft auswirken ... Welche möglichen Folgen sind für die Wawiloschen Zentren und öffentliche Zuchteinrichtungen abzusehen? Welche Auswirkungen haben die Gesetze? Welche Erfahrungen werden die Konzerne in die Saatgutindustrie einbringen, welche Prägung werden sie ihr geben?

Kapitel 7
Die möglichen Folgen von Sortenschutzbestimmungen

1 Auswirkungen auf die genetischen Ressourcen

«In der Einschätzung der Bedeutung der genetischen Vielfalt bin ich ganz Ihrer Meinung, und ich glaube, daß die Sortenschutzgesetze einengend und letztlich kontraproduktiv wirken werden.»

Sir Joseph Hutchinson, Oxford 1979

«Als Genetiker und ‹Gen-Banker› bin ich persönlich besonders darüber besorgt, daß die UPOV und ähnliche Organisationen mehr als administrative Institutionen zur Durchführung gesetzlicher Bestimmungen denn als Einrichtungen im Dienst der Biologie und der Landwirtschaft arbeiten. Die Haltung, die die UPOV derzeit mit ihren ‹Einheitlichkeits›-Forderungen bei selbstbestäubenden Pflanzen einnimmt, führt mit Sicherheit zum genetischen Kahlschlag und nach meiner Meinung auch zu weniger anpassungsfähigen und anfälligeren Sorten.»

Stig Blixt, 1979

«Ich glaube nicht, daß es zwischen Sortenschutz und genetischen Ressourcen keinen Zusammenhang gibt. Sie sind genauso eng miteinander verknüpft wie Rauchen und Lungenkrebs. Da Krebs jedoch auch entstehen kann, wenn man nicht raucht, so kann es in Kanada auch zum Untergang der genetischen Ressourcen kommen, ohne daß ein Sortenschutzgesetz verabschiedet wird. Es gibt jedoch gute Gründe für die Annahme, daß diese Gesetze die genetische Einheitlichkeit der Nutzpflanzen fördern und sogar noch wesentlich beschleunigen werden, als dies bisher durch die öffentlichen Pflanzenzuchteinrichtungen der Fall war.»

S. Jana, 1979

«Der Trend läuft allem Anschein nach zu immer weniger und immer uniformeren Kulturrassen. (Der vor kurzem verabschiedete Variety Protection Act läuft in der Tendenz ebenfalls darauf hinaus, die Varietäten durch seine Forderung nach einer genauen Sortenbeschreibung

zur phänotypischen Einheitlichkeit zu zwingen.) Das kann bedeuten, daß die Züchter nicht an die Gefahren der Gen-Anfälligkeit glauben; es kann aber auch heißen, daß der Druck des Markts (der Bauern und/oder Weiterverarbeiter) die Wünsche der Züchter überwindet.»
D. N. Duvick, University of Saskatchewan, Kanada 1976

In den letzten Jahren ist die Frage des Zusammenhangs zwischen den genetischen Ressourcen und dem Sortenschutz von den Agrarwissenschaftlern leidenschaftlich diskutiert worden. Vier kanadische Professoren der University of Saskatchewan verstiegen sich sogar zu der Behauptung: «Die Einsicht, daß die Aushöhlung der genetischen Ressourcen in keinerlei Zusammenhang mit dem Sortenschutz steht, muß zwingend am Anfang einer jeden vernünftigen und fairen Debatte über Pro und Kontra der zur Verabschiedung anstehenden gesetzlichen Regelungen stehen.»[1] In den USA, wo die patentähnliche Schutzgesetzgebung weniger als ein Jahrzehnt alt ist, sehen die meisten Leiter der regionalen Genbanken nur einen geringen Zusammenhang zwischen dem Gesetz und ihren Einrichtungen. Wissenschaftler wie Charles Adamson (Savannah, Georgia) schreiben dem Sortenschutz sogar eine positive Wirkung zu.[2] Andere wiederum – wie etwa Robert E. Hanneman Jr. (Madison, Wisconsin) – meinen: «Vielleicht verdient diese Frage eine gewisse, wenn auch keine gesteigerte Aufmerksamkeit.»[3] Auf der europäischen Seite des Atlantik läßt die Möglichkeit, daß die Sortenschutzgesetze zur Gen-Erosion beitragen werden, die Direktoren der Genbanken und die an der Genetik interessierten Wissenschaftler in der Mehrzahl kalt. Siguard Anderson, der dem Sortenschutz im allgemeinen positiv gegenübersteht, gibt jedoch immerhin zu bedenken, daß «der Aufwand für die administrative Umsetzung dieses Gesetzes und die wissenschaftliche Überprüfung der Sortenneuheit und -echtheit enorm» seien.[4] Andere am Schutz des genetischen Bestands arbeitende Wissenschaftler und Züchter schreiben den Gesetzen ganz spezifische Gefahrenmomente zu.

Die Forderung nach Homogenität

Es wird argumentiert, daß die dem Patentrecht entlehnte Forderung nach Homogenität (Einheitlichkeit und Abgrenzbarkeit), der sich die Züchter in den USA und Europa gegenübersehen, zu einer zunehmenden genetischen Einheitlichkeit der Nutzpflanzen geführt habe. Selbst einzelne im privaten Sektor arbeitende Wissenschaftler – wie Duvick von Pioneer Hi-Bred und Blixt vom Weibullsholm Plant Breeding Institute – haben ihre Besorgnis über diese Entwicklung ausgedrückt.[5]

Laut N. L. Innes von der britischen Versuchsstation für Gemüseforschung (National Vegetable Research Station) muß «Saatgut einer bestimmten Sorte, bevor es in den Handel gebracht werden kann, in das nationale Sortenregister aufgenommen werden; es wird zudem demselben Prüfungsverfahren unterzogen wie die vom Sortenschutz erfaßten Arten, obwohl bestimmte Gemüsearten noch gar nicht unter dieses Gesetz fallen». Innes weist im weiteren darauf hin, daß in Europa Sorten verloren gehen, weil sie «zu variabel sind, um in das nationale Saatgutregister aufgenommen werden zu können»[6].

Sir Joseph Hutchinson macht diesen Trend und seine Gefahren unmißverständlich klar: «Eine solche Sortenschutzgesetzgebung ist zerstörerisch. Aus administrativen Gründen kann genetische Vielfalt innerhalb einer Sorte nicht toleriert werden. Wenn jemand ein Recht auf Lizenzgebühren für seine Sorte beansprucht, müssen die zuständigen Behörden in der Lage sein, die Identität dieser Sorte genau zu überprüfen. Deshalb müssen sie darauf bestehen, daß die Sorte so einheitlich sein muß, daß keine Zweifel bleiben. Wäre dies alles, was sie zu verlangen hätten, dann wäre das Ganze nicht weiter schlimm. Sie bestehen jedoch auch noch darauf, daß nichts anderes angebaut werden darf außer Sorten, die einer solchen Prüfung ihrer Identität standhalten. Man darf also nur reines, mit Gütezertifikat versehenes Saatgut verkaufen. Daher zwingt uns das Gesetz, jegliche Variabilität und alle Abweichungen zu vermeiden und wirksam zu entfernen.»[7]

Die Hybridchance

Der Sortenschutz stimuliert das Investitionsinteresse der Konzerne im Bereich der Pflanzenzucht. Wenn dieser Investitionsschutz erst einmal vorhanden ist, führt er unweigerlich zu einer weiteren Absicherung der Absatzchancen durch Züchtung von Hybridsorten. Das seinerseits hat direkte Rückwirkungen auf die genetischen Ressourcen. L. N. Innes schreibt beispielsweise über den Rosenkohl: «Es läßt sich nicht exakt bestimmen, in welchem Maß die genetische Basis des Rosenkohls durch die Hybridenzüchtung bereits geschmälert wurde, aber Aussagen privater Züchter in Großbritannien und auf dem europäischen Kontinent lassen vermuten, daß manche Zuchtprogramme nurmehr eine sehr schmale genetische Basis haben – sie entwickeln Inzuchtlinien aus nur relativ wenigen offen bestäubten Sorten.» Seit der Einführung des Sortenschutzes in England (von 1965 bis 1974) ging die Zahl der offenbestäubten Rosenkohlsorten von 49 auf 30 zurück, während die Zahl der Hybriden von 1 auf 41 gestiegen ist. Siebzig Prozent der Rosenkohl-Anbauflächen werden mit Hybriden bestellt. Innes hält fest: «Viele alte Sorten sind inzwischen verloren gegangen . . . Die zunehmende Tendenz zur Züchtung von Hybrid- und synthetischen Sorten und damit auch zur Inzucht führt zu beträchtlicher genetischer Erosion.»[8] Es läßt sich nicht leugnen, daß allein schon die Gewinnorientierung – ob nun eine Sortenschutzgesetzgebung existiert oder nicht – die Konzerne die Hybridzüchtung bevorzugen läßt. Bei vorhandenem Sortenschutz und dem Anreiz von Lizenzgebühren wächst die Bereitschaft der Konzerne, die Anwendung der Hybridzüchtung auf andere Kulturarten zu erweitern.

Folgen für die Dritte Welt

Nur wenige Entwicklungsländer – Argentinien gehört zu den erwähnenswerten Ausnahmen – haben Sortenschutzgesetze verabschiedet. Stattdessen bieten sie jedoch dem Züchter spezielle ‹Schutztitel›. Aber trotzdem kann und wird letztlich der legislative Wettlauf der Industrienationen den genetischen Ressourcen der Dritten Welt Schaden zufügen. Glen Anderson (CIMMYT) verwies anläßlich einer Diskussion über die weltweiten Auswirkungen von Sortenschutzbestimmungen auf eine Anzahl von «Rettungseinsätzen», die von CIMMYT-Mitarbeitern in Nordafrika durchgeführt werden mußten, weil europäische Saatgut-Konzerne den Regierungen der dortigen Entwicklungsländer ungeeignete Sorten verkauften. Anderson berichtete weiter, daß bilaterale und multilaterale europäische Hilfsprogramme für Afrika häufig den Einsatz ungeeigneter Sorten zur Folge hätten, weil die europäischen Landwirtschaftsberater diejenigen Sorten empfehlen, für die in ihren Heimatländern am kräftigsten geworben wird.[9]

C. Dorsman (Wageningen) hält den Sortenschutz für «hochwillkommen», fügt aber hinzu: «Seine natürliche Folge war eine Flut von besseren, hochgezüchteten Sorten, die ältere Sorten ersetzten, und zwar nicht nur in den entwickelten, sondern auch in den unterentwickelten Ländern.»[10] Innes stellt dazu fest: «In den tropischen Entwicklungsländern fassen die privaten und staatlichen Saatgutfirmen rasch Fuß, indem sie die Bauern mit Spezialsaatgut versorgen; es ist jetzt an der Zeit, so viele einheimische Landsorten und wilde Arten wie möglich zu konservieren, sowohl in den gemäßigten wie in den tropischen Gebieten der Erde.»[11] Nach Erna Bennett besteht überhaupt kein Zweifel, daß der «Sortenschutz» zur genetischen Erosion in der Dritten Welt beiträgt. Sie sieht die Festigung der Basis der Konzerne in den Industrienationen sowie ihre Expansion in neue Märkte der Dritten Welt als völlig logische Entwicklung an.[12] Zusammenfassend läßt sich sagen, daß die hohen Anforderungen des Sortenschutzes die phänotypische Einheitlichkeit der Nutzpflanzen fördern, was wiederum zu erhöhter genetischer Verwundbarkeit und zum Verschwinden von Sorten führt. Die in Europa gemachten Erfahrungen zeigen, daß diese eliminierten Sorten meist für die Menschheit verloren sind. Außerdem sorgt dieser «Schutz» für die notwendige Investitionssicherheit, die die multinationalen Konzerne dazu ermutigt, ins Saatgutgeschäft einzusteigen. Diese gigantischen Unternehmen lenken ihre Forschungsgelder aus Gründen der Gewinnmaximierung in die Entwicklung von Hybridsorten, womit sich die genetische Einheitlichkeit und Verwundbarkeit erhöht. Schließlich vermarktet diese Industrie zur Produktauslastung und zur Ausschöpfung des Gewinnpotentials neuer Sorten ihr Saatgut in der Dritten Welt – womit sie die Erosion der Wawilowschen Zentren vorantreibt und die Gefahr großer Erntekatastrophen vergrößert.

2. Private oder staatliche Züchtung?

«Es gibt allen Grund für die Annahme, daß die nächsten Jahre einen rasch steigenden Bedarf nach direkter Regierungsbeteiligung auf dem Gebiet der Grundlagenforschung bringen werden. Man kann sich nur schwer vorstellen, wie die privaten Saatgutfirmen mit der wachsenden finanziellen Belastung fertig werden sollen, die von den notwendigen Investitionen in langfristige Grundlagenforschung ausgeht.»

P. H. Nelson und A. Kühn, KWS 1973

«Zusätzlich zeigte die Erhebung, daß die Privatfirmen die Bedeutung der von den Forschungsstationen geleisteten spezifischen Untersuchungen für ihre eigene zukünftige Arbeit anerkennen und daß mehr und mehr Saatguterzeuger die Forderungen nach besserer finanzieller Ausstattung dieser Einrichtungen durch den Staat aktiv unterstützen.»

Harold D. Loden, American Seed Trade Association, 1978

«Ich persönlich unterteile die Forschung in die Phase der Entdeckung und die der kommerziellen Verwertung. Ich glaube, daß ein Großteil der Pionierarbeit in der Pflanzenzucht – beispielsweise auf dem Gebiet der Krankheitsresistenz – nach wie vor bei den öffentlichen Forschungseinrichtungen verbleiben wird. Umgekehrt glaube ich jedoch auch, daß die Umsetzung der Grundlagenforschung am besten bei den Privatunternehmen aufgehoben ist.»

Byron Beeler, Ciba-Geigy, 1977

«Während der sechziger Jahre gab das amerikanische Landwirtschaftsministerium jährlich 2,5 Millionen Dollar für die universitäre Saatgutforschung aus. Die Saatgutfirmen stellten den Universitäten Zuschüsse zur Hybridforschung zur Verfügung, was diesen Forschungszweig für die Universitäten besonders profitabel machte ... Bereits 1959 lieferten weniger als ein Dutzend Firmen die 330000 Tonnen Hybridmaissaatgut, die jährlich in den USA benötigt werden.»

Bettina Connors, USA, 1975

Einige öffentliche Pflanzenzuchteinrichtungen haben im Blick auf eine mögliche Einführung des Sortenschutzes eine Reihe von Bedenken geltend gemacht, zu denen unter anderem zählen: Rückgang der staatlichen Aufwendungen für öffentliche Pflanzenzuchteinrichtungen; Einschränkung des freien Austauschs von Genmaterial innerhalb der wissenschaftlichen Welt; Verschlechterung der universitären Ausbildung des Züchternachwuchses. Die noch nicht allzu lange Geschichte des Sortenschutzes in Europa und den Vereinigten Staaten erschwert die Einschätzung des faktischen Einflusses dieser Gesetze auf die staatliche Züchtung. Die in England gemachten Erfahrungen lassen vermuten, daß die staatlichen Saatzuchteinrichtungen seit der Verabschiedung der einschlägigen Bestimmungen 1964 keinen wesentlichen Schaden gelitten haben. Die begrenzten Daten, die die kanadische Regierung zur Entwicklung in Großbritannien vorgelegt hat, zeigen, daß die von öffentlichen Einrichtungen gezüchteten Sorten im Vergleich zu denen der Konzerne ihren Anteil durchaus halten konnten, und daß die öffentlichen Zuchtprogramme durch Verkäufe ins Ausland zur Zahlungsbilanz dieses Landes beigetragen haben.[13] Umgekehrt lassen die holländischen Erfahrungen auf eine ausgedehnte Beteiligung des privaten Sektors an der staatlichen Pflanzenzüchtung schließen.[14] Don Hanway (University of Nebraska) führte 1977 in den USA eine Befragung von 47 öffentlichen Versuchsstationen durch, die ergab, daß 45 dieser Stationen sechs Jahre nach Verabschiedung der Sortenschutzgesetze immer noch neue Sorten produzierten, «... obwohl sie den Schwerpunkt ihrer Arbeit mehr auf genetische Programme und Populationsverbesserung sowie Anpassung von exotischem Genmaterial verschoben haben»[15].

«Arbeitsteilung»?

Die landwirtschaftliche Forschung wird in den entwickelten Ländern – wenn überhaupt – nur selten mit ausreichenden Mitteln versehen. Die weltweite Wanderungsbewegung in die Städte und die kurzsichtige Bevorzugung der industriellen Entwicklung macht es den Agrarwissenschaftlern nicht eben leicht, mit ihren weitaus bekannteren und geschätzteren Kollegen in der Industrie mitzuhalten. Den Landwirtschaftsministerien fällt es oft schwer, ihre Forschungsetats zu verteidigen. Sie verlegen sich daher gelegentlich auf die Sortenschutzgesetzgebung, weil sie hoffen, auf diese Weise verstärkte Investitionen des privaten Sektors zu stimulieren. Wie Rollie Henkes meint, «könnte eine Intensivierung der privaten Züchtung in der Öffentlichkeit den beruhigenden Eindruck erwecken, daß eine Beschneidung der mit Steuermitteln unterstützten Programme keinen Schaden stiftet»[16]. Manche Regierungen stecken ihre Forschungsgelder sogar gleich in die privatwirtschaftliche Züchtung.

In Kanada, wo die Anzahl der staatlichen Pflanzenzuchtstationen zurückgeht und die öffentliche Förderung noch nicht einmal 9 Millionen kan. Dollar im Jahr erreicht, unterstützt der National Research Council die züchtenden Großfirmen mit beträchtlichen Summen. Interessanterweise setzte diese Subventionierung des privaten Sektors 1967 ein – weniger als ein Jahr, nachdem eine Regierungskommission festgestellt hatte, daß die Einführung eines Sortenschutzes in Kanada sinnlos sei, weil es keine privaten Pflanzenzüchter gebe.[17] Die subventionierten Firmen warten derzeit die Verabschiedung der Sortenschutzgesetze ab, bevor sie die von ihnen mit staatlicher Hilfe entwickelten neuen Sorten auf den Markt bringen. Wahrscheinlich werden die ersten in Kanada gezüchteten Sorten, die unter diesen patentähnlichen Schutz gestellt werden, solche sein, für deren Züchtung die Allgemeinheit Steuermittel zur Verfügung gestellt hat – das heißt, daß die Farmer für die Entwicklung dieser Sorten zunächst Steuern und dann für den Anbau Lizenzgebühren bezahlen müssen. Mindestens zwei der am stärksten subventionierten kanadischen Saatgutfirmen – Stewart und Warwick Seeds – sind inzwischen von multinationalen agrochemischen Unternehmen aufgekauft worden.[18]

Entgegen den energischen Dementis des kanadischen Landwirtschaftsministers scheint es genug Grund für die Annahme zu geben, daß in Regierungskreisen ein gewisser Umschwung zugunsten einer Politik eintreten wird, die Förderung der öffentlichen Züchtungen stärker auf die wachsende private Züchtung hin zu orientieren. Verbirgt sich hinter diesem Meinungsumschwung in Wirklichkeit eine Verschwörung der züchtenden Konzerne zur Ausschaltung unerwünschten Wettbewerbs? Rollie Henkes meint, daß sowohl die öffentlichen Zuchtstationen wie die privaten Züchter in den USA vermehrte staatliche Forschungsanstrengungen auf diesem Gebiet begrüßen würden.[19] Dem ist so, weil – wie Nelson und Kühn von der KWS wie auch Beeler von Ciba-Geigy öffentlich geäußert haben – die Züchter der Konzerne davon profitieren, wenn der öffentliche Sektor weiterhin Ausgangsma-

Tabelle 14: Zuschüsse des kanadischen National Research Council zu Pflanzenzuchtvorhaben (1967–1978)

Empfänger	Betrag (Kan. $)
Stewart Seeds (Ciba-Geigy)	889 000
Maple Leaf Mills (Norris)	567 000
King Grain	261 000
W. G. Thompson	140 000
Warwick (Pfizer)	129 000
Otto Pick & Sons	95 000
Saskatchewan Wheat Pool	52 000
Gesamtsumme von 1967–1978	2 133 000

Quelle: National Research Council (Kanada), Finance Branch, 1978.

terial liefert, während die privaten Züchter die aus diesem Material gezüchteten marktfähigen Sorten gewinnbringend in den Handel bringen. Anders gesagt: die staatliche Agrarforschung subventioniert die züchtenden Konzerne erheblich.

Ein Untersuchungskomitee der englischen Regierung legte vor wenigen Jahren einen groben Überblick über den Saatgutsektor in mehreren europäischen Staaten vor. Die Untersuchung mit dem Titel «Transactions in Seeds» zeigte das Ausmaß des Einflusses des privaten Sektors auf die europäische Pflanzenzüchtung. In Frankreich beispielsweise, stellte das Komitee fest, befindet sich der größte Anteil der Pflanzenzüchtung in den Händen einiger sehr großer Konzerne. Das Komitee schätzte, daß der französische (staatliche) Pflanzenzuchtdienst «für die Versorgung der Anbauer mit neuen, verbesserten Sorten im Vergleich zu den privaten Züchtern eine Nebenrolle» spielt. In der Bundesrepublik Deutschland erfolgt die Züchtung der meisten neuen Sorten durch private Züchter. Die staatlichen Züchtungsinstitute sind mit «Grundlagenforschung in Bereichen befaßt, die von den meisten privaten Züchtern nicht abgedeckt werden». Darüber hinaus entwickeln sie Material, das den «privaten Züchtern als Ausgangsbasis für ihre eigene Züchtung» diene. Trotz dieser Arbeitsteilung können auch die staatlichen Institutionen den Sortenschutz für von ihnen entwickelte Sorten bekommen. Nach dem Bericht befindet sich auch in Holland der Löwenanteil der Pflanzenzüchtung in privater Hand. Die staatlichen Züchtungseinrichtungen «befassen sich hauptsächlich mit Grundlagenforschung ... Es wird von ihnen im allgemeinen nicht erwartet, ihre Arbeit bis zur Entwicklung neuer Sorten voranzutreiben.» In Schweden, das einen anderen Ansatz verfolgt, subventioniert der Staat den größten privaten Züchter, die W. Weibull AB, direkt mit 20 % des Forschungsaufwands.

Ein klassisches nordamerikanisches Beispiel für diese Situation ist die MH-1-Tomate, die von Züchtern der University of Florida in enger Zusammenarbeit mit der Tomatenindustrie Floridas entwickelt wurde. Die aus der Sorte «Walter» entwickelte MH-1 eignet sich besonders zur Äthylen-Begasung, das heißt zur künstlichen, gleichmäßigen Ausreifung. Zwei Wissenschaftler der University of Florida entdeckten in der Erntesaison 1970/71, daß mindestens 40 % der nach Norden verschifften Tomaten noch so unreif waren, daß sich die Samenkörner durchschneiden ließen. Bei einer Partie wurde sogar ein Anteil von 78 % unreifen Früchten festgestellt. Daraufhin nahmen die amerikanischen Verbraucherschutzorganisationen die öffentliche Beteiligung an der Entwicklung einer Sorte, die anscheinend zu dem Zweck gezüchtet war, dem Käufer unreife Tomaten anzudrehen, unter heftigen Beschuß.[21] Die Kritik sollte sich jedoch nicht nur auf die öffentlichen Zuchteinrichtungen konzentrieren. Sie sind angesichts der Knappheit ihrer Mittel und des Zwangs zur Entwicklung genetischen Ausgangsmaterials, der durch die Aktivitäten der privaten Züchter entsteht, dazu gezwungen, Material zu entwickeln, das für die im Dienst der Konzerne stehenden Kollegen interessant ist. Statt dessen gilt es vor allem, jeder derartigen «Arbeitsteilung» zu widerstehen – und das läßt sich am ehesten durch Widerstand gegen die Einführung einer Sortenschutzgesetzgebung erreichen.

Folgen für den Austausch von Genmaterial

Norman Borlaug, der am Sortenschutz eher verhaltene Kritik übt, zeigt sich dennoch sehr besorgt, daß die einschlägigen Bestimmungen den Austausch von Genmaterial erschweren könnten. Sowohl er wie auch Glen Anderson von CIMMYT haben über Probleme im Austausch von genetischem Material mit Europa und den USA berichtet.[22] Die Firmen und die zuständigen Behörden wiederum argumentieren, daß die Sortenschutzgesetze wenig oder gar keinen Effekt auf den freien Austausch genetischen Materials haben werden und verweisen darauf, daß die Pflanzenzüchter das Recht hätten, auch geschützte Sorten zur Weiterzüchtung zu benützen. Die Eigentümer geschützter Sorten können kein «Abstammungsrecht» geltend machen.

Die Ergebnisse einer im März 1979 von der UNDP/FAO zu eben diesem Problem durchgeführten Tagung europäischer Wissenschaftler sprechen diesen Behauptungen allerdings Hohn. Die Agrarwissenschaftler unterscheiden fünf Kategorien von Zuchtmaterial, von denen nur zwei frei ausgetauscht werden können. Zwei weitere Kategorien können nicht ohne ein gewisses kommerzielles Risiko ausgetauscht werden. Die Zuordnung der fünften Kategorie war unter den anwesenden Wissenschaftlern heiß umstritten. Völlige Einigkeit über die jeweilige Austauschbarkeit von Zuchtmaterial konnte nicht erzielt werden; daß die Sortenschutzgesetze jedoch ein ernstzunehmendes Austauschhindernis darstellen, galt als klar erwiesen.[23]

Wenige Monate nach Verabschiedung des Sortenschutzgesetzes (Plant Variety Protection Act) in den USA gab ein Artikel im *Wall Street Journal* einen Überblick über die Aktivitäten der Konzerne zur Entwicklung von Hybridweizen; zugleich gab er einen faszinierenden Einblick in das Ausmaß der Industriespionage auf diesem Sektor. Cargill, einer der führenden Entwickler von Hybridweizen, läßt Pläne seiner Testfelder zeichnen, die im Safe verwahrt werden. Die Felder selbst werden nicht gekennzeichnet, um Diebstahl vorzubeugen.[24] Trotz der kanadischen Erfahrungen mit Campbell Soup und Maple Leaf Mills (beide Firmen weigern sich, am Austausch von Zuchtmaterial teilzunehmen), versicherte Brian Harvey (University of Saskatchewan) bei einer Veranstaltung in Regina (Kanada), daß der Austausch von Zuchtmaterial weitergehen werde – «zwischen den Pflanzenzüchtern, die einander vertrauen»[25]. Rollie Henkes berichtete 1976, daß sich in den USA öffentliche wie private Züchter über dieses Problem besorgt zeigten.

Daß der Sortenschutz den freien Austausch von Zuchtmaterial einschränken würde, hätte eigentlich niemanden überraschen dürfen. Das ist nur logisch. Diese Logik jedoch wurde von den maßgebenden Politikern des amerikanischen Kongresses ignoriert, als 1970 von kompetenter Seite – dem damaligen Landwirtschaftsminister Orville L. Freeman – auf sie hingewiesen wurde: «Wenn Saatgut und saatguterzeugende Pflanzen – wie ursprünglich beabsichtigt – in den Geltungsbereich der patentähnlichen Schutzbestimmungen einbezogen worden wären, wäre ein freier, unbehinderter Austausch zwischen den Züchtern – öffentlichen wie privaten – nicht mehr möglich gewesen.»[26] In seinem Brief an den Kongreß wies Freeman mit Nachdruck darauf hin, daß eine Einschränkung des freien Austauschs von Zuchtmaterial die Entwicklung der amerikanischen Landwirtschaft behindert hätte.

Die Sorgen von 1970 sind indes nicht kleiner geworden. In einem Antwortbrief auf einen Protest des britischen Pflanzenzüchterverbands, der den Standpunkt vertrat, daß zwischen Sortenschutz und genetischer Erosion kein ursächlicher Zusammenhang besteht, schrieb O. Brauer, Direktor der FAO-Abteilung für Pflanzenbau und Pflanzenschutz, im Namen des FAO-Generaldirektors: «Was den Einfluß der Sortenschutzgesetze auf die genetischen Ressourcen angeht, ist die Tatsache festzuhalten, daß dort, wo solche Gesetze zur Durchführung gelangen, der vollständige und freie Austausch von genetischem Material, für den sich die FAO und andere Unterorganisationen der UN einsetzen, auf zunehmende Behinderung trifft. Der Sortenschutz hat den Sinn, Eigentumsrechte an bestimmtem genetischem Material zu begründen und muß daher eine zwangsläufige Einschränkung seiner Zugänglichkeit und Verfügbarkeit nach sich ziehen.» Brauer macht in demselben Dokument die Grüne Revolution für die genetische Erosion verantwortlich und bemerkt, daß die Programme zur Erhaltung genetischer Ressourcen meist nur in außerordentlich dringenden Fällen die notwendige Unterstützung fänden. Brauer fügt hinzu, selbst wenn er damit das Risiko eingeht, als Angstmacher denunziert zu werden, daß «die FAO – wie auch andere UN-Organisationen – über die potentiellen Katastrophen äußerst besorgt ist, die durch genetische Erosion entstehen können» [27].

Die langfristigen Aussichten der öffentlichen Züchtung sind nicht eben rosig. Die staatlichen Zuchtstationen in den Industrienationen werden ihre Tätigkeit ohne Zweifel bis ins nächste Jahrhundert ohne nennenswerte finanzielle Einbußen fortsetzen können. Im Laufe der Zeit werden sie jedoch zunehmend zu Zuträgern der Konzernzüchtung oder aber auf Nutzpflanzen von geringem kommerziellem Interesse beschränkt werden. Öffentliche wie private Züchter werden unter dem Fehlen eines freien Austauschs von genetischem Material leiden. Die Regierungen und Züchter der Dritten Welt – von denen ursprünglich das genetische Material direkt oder indirekt stammt – werden die letzten sein, die das genetische Material, das dann noch «frei» zugänglich sein wird, bekommen oder überhaupt gar bezahlen können.

3 Der Irrgarten der Gesetze

> «Die Behörden beabsichtigen, zum 30. Juni 1980 alle nicht seit altersher gängigen Bezeichnungen und eine gewisse Anzahl von Sorten aus dem Register zu verbannen. Nach diesem Datum wird es ein mit einer Strafe von bis zu vierhundert Pfund belegtes Vergehen sein, sie in den Handeln zu bringen ... Mehr als tausend Sorten werden verschwinden.»
>
> The Henry Doubleday Research Association, Großbritannien 1979

> «Ich fasse dieses Vorhaben so auf, daß der Gemeinsame Sortenkatalog der Europäischen Gemeinschaft zur Ausrottung von drei Vierteln der europäischen Gemüsesorten innerhalb eines Jahrzehnts nach Inkrafttreten dieser Bestimmungen führen wird.»
>
> Erna Bennett, Rom 1978

«Ich möchte vorschlagen, das gesamte Lizenzsystem, das wir jetzt haben, für ungültig zu erklären und noch einmal von vorn anzufangen.»

Peter Dyck, Canadian Seed Trade Association, 1977

Die Sortenschutzgesetze sind nicht die ersten Gesetze, die für die Saatgutindustrie von Belang sind oder es noch werden können. Andere gesetzliche Regelungen wie nationale «Sortenregister» oder «Saatgutverkehrsbestimmungen» wachen schon seit längerem über die Qualität des Saatguts und seinen Zugang zum Markt. Mit dem Hinzutreten des Sortenschutzes jedoch nimmt das System eine neue Qualität an. Beispielsweise gelten die nationalen Saatgutverkehrsbestimmungen im allgemeinen als Schutzbestimmungen zugunsten der Anbauer. Zum Verkauf zugelassene Sorten sind entweder ebenso gut oder noch besser als andere Sorten der betreffenden Nutzpflanze. In einem von Carl E. Büchting (KWS AG) verfaßten Bericht führt die Firma aus, daß im Deutschland der dreißiger Jahre «sogenannte ‹neue› Sorten den Markt überflutet hatten, wodurch der Bauer jedem gerissenen Verkäufer schutzlos ausgeliefert war. Die Kräfte des ‹freien Markts› hatten eine Situation geschaffen, in der jedermann alles als verbesserte Sorte verkaufen konnte. Der Gesetzgeber setzte diesem Unsinn ein Ende.»[28] Im Gegensatz zu dieser Behauptung der KWS jedoch werden die Saatgutverkehrsbestimmungen im Zusammenwirken mit den Sortenschutzrechten in ihr Gegenteil verkehrt – sie wirken fortan als wichtiges Instrument der Marktkontrolle durch die Saatgutunternehmen, die die Rechte an bestimmten Sorten haben.

Bei der Erarbeitung der Entwürfe für ein Sortenschutzgesetz für Kanada haben die zuständigen Behörden den gewaltigen Einfluß dieser Bestimmungen auf das kanadische Lizenzsystem unterschätzt. Im Bereich der öffentlichen, nicht unter Wettbewerbs- und Gewinndruck stehenden Züchtung funktioniert das Lizenzsystem so wie beabsichtigt. Im extrem gewinnorientierten Bereich der züchtenden Privatwirtschaft stellt das Lizenzsystem ein Mittel dar, die konkurrierenden herkömmlichen Sorten zu verdrängen und bis auf die größten und stärksten Anbieter alle Konkurrenz aus dem Markt zu werfen. In der Folge werden die Regierungen zu Wächtern der Marktanteile der Konzerne. Ein Beispiel dafür ist der zur Standardisierung der Sortenschutzbestimmungen im Gemeinsamen Markt gedachte Gemeinsame Sortenkatalog der EG-Länder.

Erna Bennett beschrieb die Auswirkungen des Gemeinsamen Sortenkatalogs als «katastrophal» und «zerstörerisch»: «Wo es heute noch hundert Sorten einer bestimmten Gemüseart gibt, wird es ab 1981 nur noch zehn oder zwanzig ‹legale› Sorten geben.»[29] Erna Bennett verwies uns zwecks genauerer Information an J. G. Hawkes (University of Birmingham), der einräumte, daß der Gemeinsame Sortenkatalog «in Hinsicht auf die Erhaltung der genetischen Ressourcen einige düstere Seiten aufweist». Zwischen dem Katalog und dem Sortenschutz wollte er jedoch keine Verknüpfung sehen.[30]

Hawkes wiederum verwies uns an J. K. A. Bleasedale (Wellesbourne National Vegetable Research Station), der den EG-Katalog eine «selbstzugefügte Wunde» nennt und ihn als System zur Unterscheidung «legaler» und «illegaler» Sorten bezeichnet. Der Katalog sei stark von der rechtlichen Problematik des Individualitäts- und Eigentümernachweises nach den Richtlinien der UPOV beeinflußt. Bleasedale wurde gefragt, warum denn die europäischen Züchter angesichts des drohenden Verlusts von drei Vierteln des europäischen Bestandes innerhalb eines Jahrzehnts nicht auf die Barrikaden gingen. Er antwortete, daß ein gewisser Fatalismus herrsche und letztlich nur «das rein kommerzielle Interesse» zähle. Hinsichtlich eines möglichen Zusammenhangs zwischen dem EG-Katalog und dem UPOV-Konzept meinte er, daß die «Saatgutfirmen heute eine deutlich geringere Vielfalt an Sorten anbieten»[31].

Lawrence Hill (Henry Doubleday Research Association) beschreibt die Folgen für die europäischen Bauern: «Die entsprechenden Vorschriften haben ihre Konsequenzen ... durch die EG-Bestimmungen verlieren wir schätzungsweise vierhundert Sorten pro Jahr; in Gesamteuropa werden es wohl noch viel mehr sein. Sorten, die früher unter verschiedenen Bezeichnungen geläufig waren, werden heute als eine bezeichnet; sie sind, um den amtlichen Ausdruck zu benutzen, synonym. Darüber hinaus werden laufend Sorten aus der Liste gestrichen, weil ein Sortenschutzinhaber, der für diese Sorte ‹verantwortlich› zeichnet, kraft dieser Verantwortung beschließt, daß er sie nicht mehr behalten will. Im August beispielsweise wurden 126 Sorten gestrichen, darunter auch ‹Up to Date›, eine gegen falschen Mehltau resistente Zwiebelsorte ... 32 Ackerbohnensorten kamen im Juni 1978 ‹unters Messer› ... Am schnellsten von der Liste verschwinden die älteren Sorten, weil sich die Erzeuger in den irrsinnigen Wettlauf um die Entwicklung immer neuer F-1-Hybriden stürzen. Dies vor allem zum Schaden des Kleingärtners, weil sich die Züchter vor allem auf Merkmale konzentrieren, die für die industrielle Weiterverarbeitung wichtig sind – auf

Eigenschaften wie etwa Farbe oder die Fähigkeit, zwecks Gewichtssteigerung Wasser zu speichern, oder gleichmäßige Abreife, um maschinell ernten zu können ... Wenn man sich nach Sorten umsieht, die wirklich gut schmecken, nicht so schnell schießen, lange Ernteperioden haben, im Fall von Tomaten eine zarte Haut aufweisen, dann kann man heute immer länger suchen, weil es immer weniger Auswahl gibt.» Hill macht – wie viele andere verärgerte Gärtner – die Konzerne für diese Entwicklung verantwortlich: «Die großen Saatgutfirmen und die kommerziellen Anbauer tragen die Hauptverantwortung für die Erhaltung der Sorten. Sie scheinen überhaupt keine Skrupel zu kennen, wenn das genetische Erbe unserer Gemüsesorten verschwindet.»[32]

Die europäischen Regierungen, die diese Gefahr erkannt haben, sind übereingekommen, alles in ihrer Macht stehende zu tun, um bedrohtes Genmaterial zu sammeln und in Wellesbourne zu konservieren. Über die Kosten allerdings haben sie sich nicht geeinigt – es scheint dies ihre Kraft zu übersteigen. Die westdeutschen Behörden warben in Anzeigen bei den einschlägigen Firmen und bei den Privatgärtnern, Samenproben einzusenden. Eine Initiative auf nationaler Ebene wie die der westdeutschen Behörden steht bisher einzig da. Elizabeth Stamp von der Presseabteilung von Oxfam bestätigte, daß diese englische Entwicklungshilfe-Organisation eine finanzielle Unterstützung von Wellesbourne erwäge, und zwar wegen der Bedeutung, die das genetische Material des europäischen Gemüses für die Entwicklungsländer hat. E. Stamp stellte klar, daß dieser Schritt von Oxfam durch die Auswirkungen des EG-Sortenkatalogs und die Unfähigkeit der europäischen Regierungen erzwungen worden sei, wirksame Gegenmaßnahmen zu ergreifen. Sie betonte, daß Oxfam auf der Erhaltung von Gemüsesorten aus der Dritten Welt wie auch europäischen Genmaterials bestehe – obwohl die Spendenmittel für die angemessene Erhaltung von Saatgutproben aus der Dritten Welt wohl kaum zur Verfügung stünden. Im Sommer 1978 stellte Oxfam den für Entwicklungshilfe zuständigen Stellen der Regierungen der Industrienationen einen entsprechenden Finanzierungsvorschlag zu. Oxfam wandte sich dabei auch an die staatliche kanadische Entwicklungshilfe-Organisation CIDA, die Oxfam nun möglicherweise mehr Geld zur Erhaltung der eigenen genetischen Ressourcen Europas zur Verfügung stellen wird, als Kanada für die Erforschung und Erhaltung der eigenen Ressourcen aufwendet – oder als Hilfe für Projekte dieser Art in der Dritten Welt.[33]

Im Endeffekt bewirkt der EG-Katalog, daß nur geschützte Sorten in den nationalen Sortenlisten geführt werden dürfen – wenn auch unzweifelhaft mit vielen Ausnahmen –, während eine beträchtliche Anzahl traditioneller Landsorten beseitigt wird. Um jede geschützte Sorte werden regelrechte genetische «Inseln» geschaffen, um eine gerichtliche Anfechtung des jeweiligen Eigentumstitels weniger wahrscheinlich zu machen. Die «illegalen» Sorten können bei naher Verwandtschaft zu einer im Handel befindlichen «legalen» Sorte weder kommerziell in den Handel gebracht noch angebaut werden (wenn es sich um fremdbestäubende Sorten handelt). Die Strafe für diese Gesetzesübertretung liegt in einer Region Großbritanniens bei maximal 400 Pfund. Sir Joseph Hutchinson faßt die Absurdität dieser Situation so zusammen: «Besonders in Westeuropa und Nordamerika haben wir in den letzten Jahren unserer Chance, die genetische Vielfalt zu erhalten, schweren Schaden zugefügt. Im Interesse des wirtschaftlichen Fortschritts haben wir Sortenschutzgesetze in Kraft gesetzt, und in der EWG sind wir dabei, sicherzustellen, daß nur noch die hochspezialisierten Sorten in den Verkehr gebracht werden dürfen, womit wir die Vielfalt, die uns verfügbar wäre, aufs höchste einschränken. Wir verkaufen unser Erstgeburtsrecht für ein Linsengericht.»[34]

Flexible Definitionen

Es gibt beliebig viele Möglichkeiten, das Profitpotential der Konzerne im Saatgutgeschäft durch Gesetzesänderungen zu steigern. Schon mit der Uneinheitlichkeit der botanischen Terminologie läßt sich vieles erreichen. Die um 1800 tätigen Botaniker zum Beispiel unterschieden noch über einhundert kultivierte Paprika-Sorten. 1898 kam man dann überein, daß es in Wirklichkeit nur zwei Sorten gäbe. 1923 schließlich hatte der bekannte amerikanische Botaniker Bailey entschieden, daß es sich lediglich um eine einzige Sorte handle. Nach dem Zweiten Weltkrieg setzten die Botaniker viele der alten, ehemals als nichtexistent abgetanen Sorten wieder in ihre Rechte ein.[35] Auch Tomaten sind ein klassisches Beispiel für diesen Sachverhalt; 1893 machte der Oberste Gerichtshof der USA aus der Tomate, die vorher zum ‹Obst› gehörte, ein ‹Gemüse›, wodurch es möglich wurde, die mexikanischen Tomateneinfuhren mit Zoll zu belegen.[36]

Ebenfalls sehr ergiebig ist die Änderung der Anforderungen an die Saatgutqualität. Relativ strenge Qualitätsvorschriften können dabei für die multinationalen Konzerne sogar besonders profitabel sein, da sie die Anforderungen leichter erfüllen als kleinere Firmen. Schließlich erfordern hartumkämpfte Märkte einen höheren Einsatz an Werbung und Forschungsgeldern als von wenigen oder einem beherrschte Märkte. Ein ständiger Reibungspunkt für private wie öffentliche Züchter ist das in vielen Ländern übliche Saatgutprüfungsverfahren. Selbst in den Vereinigten Staaten, wo kein obligatorisches Prüfungssystem existiert, kam es zu Schwierigkeiten. Rollie Henkes berichtet dazu: «Einige private Züchter haben die Unvoreingenommenheit der von öffentlichen Einrichtungen durchgeführten Tests angezweifelt, die selbst Sorten entwickelt hatten, die mit den von Privatzüchtern entwickelten Sorten in Konkurrenz stehen. Eine ähnliche, von im öffentlichen Dienst beschäftigten Wissenschaftlern vorgetragene Sorge besteht darin, daß besonders gute, öffentlich entwickelte Sorten auf dem Markt keine Beachtung finden, weil für sie nicht mit dem selben Aufwand geworben wird wie für privat entwickelte Sorten.»[37] Diese Spannungen führen immer wieder zu Änderungen im Prüfungsverfahren.

Und die Dritte Welt?

Die Dritte Welt hat in dieser Frage eine juristisch besonders schwache Position. Es kommt vor, daß Konzerne einen Schutzanspruch auf Sorten durchsetzen, die in Entwicklungsländern zu den traditionellen Sorten zählen, und diese Sorten zum eigenen Vorteil vermarkten. Nach einer Mitteilung des Forschers David Barkin (Mexico City) erhielt ein Getreidehandelsunternehmen von der mexikanischen Regierung eine zertifizierte Sorte, die es sich dann in Europa schützen ließ.[38] Barkin berichtet weiter, daß zwei wichtige amerikanische Saatgutfirmen Sorten aus dem CIMMYT-Züchtungsprogramm buchstäblich stahlen, jenseits der Grenze in Texas vermehrten und sich das Material dann nach dem amerikanischen Sortenschutzgesetz patentieren ließen. Für Europa und Amerika mag das aufregende neue Sorten bedeuten: die Dritte Welt jedoch zieht aus Praktiken dieser Art mit Sicherheit keinen Nutzen.

Kapitel 8
Gefahren und Fehler der Konzern-Züchtung

«Wir stehen an der Schwelle zu etwas, das große Auswirkungen auf die Weltwirtschaft und auf die Welternährung haben wird.»

Byrd Curtis, Cargill, USA, 1971

«Zwischen 450 und 500 neue Sorten werden jedes Jahr zugelassen. Die meisten stellen nur geringe genetische Verbesserungen und ‹Feinanpassungen› an Veränderungen in den Anbau-, Ernte-, Verarbeitungs- und Vertriebsverfahren dar.»

Conservation of Germ Plasm Ressources: An Imperative, US National Academy of Sciences, 1978

«Und so wurde die unscheinbare und dabei doch so delikate südamerikanische Tomate von der amerikanischen Agrarwissenschaft in eine knallharte Kommerzfrucht verwandelt – genetisch manipuliert und überzüchtet mit dem Ziel hoher Erträge, ingenieurtechnisch so hingebogen, daß sie der Wirkung von Krankheiten und maschineller Bearbeitung gleichermaßen widerstehen konnte, aufnahmefähig gemacht für eine ungeheure Zahl von Pestiziden, Fungiziden und künstlichen Düngern, auf gleichzeitiges Ausreifen in Gaskammern getrimmt und mit der Fähigkeit versehen, den unzähligen Schocks des Versands, Umpackens und dem übrigen Hin und Her bis in die Regale der Supermärkte zu widerstehen.»

Thomas Whiteside, Tomatoes, The New Yorker, 1977

«In vielen Situationen ist es für eine ausländische Saatgutfirma einfach nicht vernünftig, Zeit, kreative Energie, genetisches Material, Geld und Ansehen in die Saatgutforschung im Bereich von Arten zu investieren, bei denen sich wie etwa beim Reis, Weizen, Bohnen, Sorghum und so weiter leicht eigenes Saatgut gewinnen läßt.»

Seed Industry Development, FAO, 1976

Auf den ersten Blick scheint es sich um eine einfache rechnerische Frage zu handeln, daß dem zunehmenden Engagement der Konzerne im Saatgutgeschäft dank des Sortenschutzes auch eine Zunahme der in ihren Diensten tätigen Züchter entsprechen und damit auch die Zahl der Sorten zunehmen müßte, die den Farmern zur Verfügung stehen. Solcher Optimismus ist keineswegs völlig fehl am Platze. Die Regierungsverantwortlichen müssen sich jedoch fragen, ob die Konzernzüchter möglicherweise auch Strategien verfolgen, die sich auf die wirtschaftliche Gesundheit der landwirtschaftlichen Betriebe und den Bedarf der Gesellschaft an Nahrungsmitteln schädlich auswirken. Gefahren dieser Art gibt es in allen Zuchtprogrammen. Die öffentlichen Zuchtprogramme sind natürlich eher von dem Ziel geleitet, der Landwirtschaft zu höheren Profiten zu verhelfen. Die öffentlichen Züchter wägen das Interesse der Farmer an gesicherten Ernten zu niedrigen Kosten gegen die Bedürfnisse des Markts ab. Das multinationale Agrobusiness und die Chemiekonzerne sind wohl eher an der Profitabilität des «Endprodukts» auf dem Markt und weniger am Gewinn des Farmers oder genetischen Qualitäten interessiert, die ebenfalls zu einer guten Ernte beitragen können.

Bei näherer Untersuchung dieser Ausrichtung von öffentlichen und Konzern-Züchtern stoßen wir auf eine Anzahl potentiell widersprüchlicher Zuchtziele: die Konzerne werden wohl eher an Ertrag, Gleichförmigkeit, Eignung zur Weiterverarbeitung und Aussehen interessiert sein, während die in öffentlichen Einrichtungen beschäftigten Züchter mehr auf Robustheit und Krankheitsresistenz hinarbeiten werden; die Züchter der agrochemischen Konzerne wiederum werden sich stärker auf Kunstdünger und Pflanzenschutzmittel verlassen, wogegen die staatlichen Züchter eher natürliche Resistenzen zu steigern versuchen werden (z. B. durch Viellinienzüchtung). Die Züchter der Konzerne werden eher zur Züchtung von Hybridsorten neigen, die den Bauern jedes Jahr in die Verkaufsstellen ihrer Firma zurückholen, während die staatlichen Züchter eher Verbesserungen anstreben, die es dem Bauern ermöglichen, mit eigenem Saatgut zu arbeiten – zum Beispiel durch die Züchtung von apomiktisch vermehrbaren Hybriden[1] – oder durch die Entwicklung mehrjähriger Sorten. Es wäre jedoch falsch, zu unterstellen, daß Tugend und wissenschaftliche Vorurteilslosigkeit nur ein Vorrecht der öffentlichen Züchter seien. Man darf dabei die erklärlichen Einseitigkeiten nicht übersehen, die entstehen, wenn die eine Wissenschaftlergruppe kein anderes Ziel als den Nutzen der Landwirte hat, wogegen die andere Gruppe dieses Ziel mit dem Gewinnstreben ihrer Unternehmen kombiniert.

1 Die einseitige Orientierung an Ertrag, Uniformität und Weiterverarbeitung

Ralph Reynolds berichtet in seinem Aufsatz «Genetische Uniformität: Wachsende Bedrohung durch Einförmigkeit», daß die amerikanischen Mälzereien und Brauereien den Farmern vorschreiben, welche Gerste sie auszusäen haben; die Konservenhersteller legen die anzubauenden Sorten in ihren Abnahmeverträgen fest; und jedes Jahr werden in Kalifornien – woher weit über 50 % der gesamten US-Ernte stammen – fast nur Tomaten angebaut, die in erster Linie für maschinelles Ernten gezüchtet wurden.[2] Im August 1978 berichtete das *Wall Street Journal*, daß Farmer in Maine entweder aus dem Geschäft gedrängt oder aber gezwungen wurden, Kartoffelsorten anzubauen, deren Anbau in diesem Staat nicht ohne Risiko ist. «Russett Burbank» – auch als «Idaho Baking Potato» bekannt – ist die in den USA beliebteste Sorte, weil sie sich besonders zur Weiterverarbeitung zu Pommes Frites, Chips und so weiter eignet. Reynolds schreibt dazu: «Die Großhändler und Weiterverarbeiter des amerikanischen Westens können enorme Mengen Kartoffeln abnehmen, diejenigen, die am besten aussehen, für den Frischverkauf aussortieren und den Rest, der in Größe und Aussehen weniger gut ausfällt, weiterverarbeiten.»[3] Das ist die einseitige Orientierung an Ertrag, Uniformität und Weiterverarbeitung – mit dem Ziel möglichst hoher Profite für die beteiligten Konzerne.

Die Kartoffelanbauer im Osten Kanadas teilen dieses Los; auch sie stehen unter dem Zwang, das anzubauen, was sich verkaufen läßt und nicht etwa das, was am besten gedeiht. Ginge es im Kern um die Qualität der erzeugten Nahrung, käme es bald zu einer lebhaften Debatte zwischen Erzeugern und Verbrauchern über ihre jeweiligen Interessen. Der Bericht der amerikanischen Akademie der Wissenschaften aus dem Jahr 1972 stellt klar: «... Das Überleben der Besten hat in diesem Fall nicht nur ökonomische, sondern auch biologische Bedeutung ... die Weiterverarbeiter bestimmen in aller Regel, was auf einem großen Teil der landwirtschaftlichen Anbauflächen angebaut wird und bestehen auf dem Einsatz von Sorten, die für ihre speziellen Bedürfnisse maßgeschneidert sind.»[4]

Der unglaubliche Bericht von Thomas Whiteside über die amerikanische Tomatenindustrie faßt die extremste Erscheinungsform dieser einseitigen Orientierung so zusammen: «Ich telefonierte mit William Hadden jr., einem Verkehrssicherheitsexperten und Präsidenten des Verkehrssicherheitsinstituts der amerikanischen Autoversicherer und fragte ihn, ob einer seiner Techniker das ungefähre Aufprallmoment einer MH-1-Tomate berechnen könne, die aus zirka zwei Metern zu Boden fällt – einen solchen Versuch hatte ich miterlebt –, und auf die für amerikanische Autos vorgeschriebene Aufpralltoleranz für Stoßfänger umzurechnen. William Hadden erklärte sich einverstanden, und mit Hilfe der Tabellen, die er mir überließ, kam ich zu dem Schluß, daß die von Dryan entwickelte MH-1 eine Aufprallgeschwindigkeit von 13,4 Meilen pro Stunde überstehen konnte, also eine zweieinhalbmal so hohe Geschwindigkeit, wie sie von den einschlägigen Normen für Stoßstangen als Sicherheitsminimum gefordert wird. Man wird verstehen, daß dies auf dem Feld der Tomatensicherheit ein großer Schritt nach vorn ist.»[5]

Die Kartoffel wiederum ist ein bestürzendes Beispiel für eine weltweite Fehlorientierung. Trotz der genetischen Armut Europas und Nordamerikas an Kartoffelsorten ersetzen kommerzielle Importe aus der Ersten Welt die traditionellen südamerikanischen Sorten in ihrer überaus sortenreichen natürlichen genetischen Heimat. Trotz höherer Erträge sind die importierten Sorten im Vergleich zu den einheimischen Sorten in ernährungsphysiologischer Sicht eher dürftig. Sowohl D. Ugent wie H. H. Iltis haben festgestellt, daß die traditionellen Sorten einen durchschnittlichen Eiweißgehalt von 3,24% (Roheiweiß in frischem Zustand) aufweisen; die Sorten aus der Ersten Welt kommen durchschnittlich auf 1,89%. Während die ertragsstärksten Importsorten unter Idealbedingungen den südamerikanischen Standard erreichen können, besitzen viele Kartoffelsorten aus den Anden und Mexiko einen Roheiweißgehalt von bis zu 5,83%.[6] Zudem enthalten die einheimischen Sorten einen wesentlich höheren Prozentsatz an Vitamin C.[7] Während die auf industrialisierte Landwirtschaft gezüchteten Kartoffelsorten der Ersten Welt nach wie vor extrem krankheitsanfällig sind, stellt D. Ugent fest, daß die mexikanischen Sorten wesentlich weniger anfällig sind und daß die Anbaupraktiken der einheimischen Bauern den lokalen Sorten einen erheblichen Vorsprung vor den Importsorten geben. Darüberhinaus sind die südamerikanischen Sorten geschmacklich und im Aussehen wesentlich vielseitiger und daher den kulturellen Eigenheiten der südamerikanischen Küche besser angepaßt.[8]

Es lohnt sich überdies, auch darauf zu verweisen, daß die Kartoffel ein Beispiel dafür bietet, welche Wahlmöglichkeiten den Bauern der Ersten Welt angesichts der Sortenschutzgesetze noch bleiben. Die kanadischen Landwirtschaftsbehörden beharren auf dem Standpunkt, daß der Sortenschutz für Kanada allein schon deshalb notwendig sei, um den Farmern den Zugang zu den gelbfleischigen holländischen Sorten zu verschaffen, die im Welthandel äußerst beliebt sind. Die Europäer haben diese Sorten jedoch – worauf auch die FAO hingewiesen hat – auf einer äußerst schmalen genetischen Ausgangsbasis gezüchtet.[9] Statt sich um Zugang zu diesem erschreckend anfälligen europäischen Gen-Pool zu kümmern, wären die kanadischen Farmer besser beraten, wenn sie mit den lateinamerikanischen Bauern beim Sammeln und Anpassen robusterer und nahrhafterer Sorten der Dritten Welt zusammenarbeiten würden, bevor diese auf immer verschwunden sind. Kosten und Risiken wären weitaus geringer.

Diese einseitige Orientierung stellt sowohl für Erzeuger wie Verbraucher eine ernste Gefahr dar: «Früher ist es so gewesen: wenn man in die Südstaaten kam, traf man dort bei Leistungsschauen auf Prüfer, die eine Frucht erst einmal kosteten, bevor sie ihr eine Auszeichnung gaben. Heute gehen die Auszeichnungen an die Produkte, die am größten sind und am besten aussehen ... Die Wissenschaftler bemühen sich heute darum, den Tomaten einen größeren Wassergehalt anzuzüchten ... Sie wiegen dann natürlich am Obststand mehr und sind entsprechend teurer – aber dient das Ganze auch Ihrer Ernährung?»[10] Eine derartig einseitige Orientierung der Zuchtziele tritt dann ein, wenn agrochemische Konzerne wie General Foods (der kürzlich die größte amerikanische Gemüsesaatgutfirma, Burpee Seeds, erwarb und wenig später an ITT weiterverkaufte) in die Pflanzenzucht vorstoßen. Für die Dritte Welt ist sie eine noch viel größere Gefahr; Garrison Wilkes schreibt, daß das traditionelle Bemühen der Subsistenzbauern um ausgewogene Ernährung praktisch vom Verschwinden bedroht ist, während die Agrarsysteme der Industrieländer unter massivem Einsatz von Chemikalien und jener Form von genetischer Manipulation hohe Ernten zu erzielen versuchen, die die Hauptnutzpflanzen an die maschinelle Bearbeitung anpaßt.[11]

2 Die einseitige Bevorzugung der Hybridzüchtung

Wie wir bereits erwähnt haben, ziehen die Lizenzgebühren und die Möglichkeit der Marktkontrolle, die der Sortenschutz ermöglicht, die gigantischen multinationalen Unternehmen an, die schließlich die notwendigen Gelder investieren, um Voraussetzungen für die Hybridzüchtungen bei Nutzpflanzen ihrer Wahl zu schaffen. Da nur bei bestimmten Arten Hybriden gezüchtet werden können, bei anderen jedoch nicht, sind die Konzerne der starken Verlockung ausgesetzt, ihre entwickelten Hybridsorten bei Erzeugern und Verbrauchern mit Hilfe massiver Werbung durchzusetzen. Auf diese Weise bestimmt die Vermarktungsstrategie die Bandbreite der den Menschen zur Verfügung stehenden pflanzlichen Nahrung entscheidend mit: Arten, bei denen Hybridzüchtung nicht möglich ist, werden verdrängt; nicht-hybride Sorten einer Art verlieren Anbaufläche an Hybridsorten der gleichen Art. So wird das Nahrungsmittelangebot für den Verbraucher mehr und mehr von den Hybriden bestimmt.

Auf der Habenseite können die Hybriden eine rapide Ertragsverbesserung und den entsprechenden Gewinn der Farmer für sich verbuchen. Ihr Manko besteht in der Instabilität ihres Erbguts; sie produzieren unbrauchbaren oder unfruchtbaren Samen. Die Farmer können nicht mehr wie früher einen Teil ihrer Ernte für die nächste Aussaat verwenden, sondern müssen sich ihr Saatgut jedes Jahr neu kaufen. Der Anstieg der Saatgutkosten wird jedoch durch die höheren Erträge in der Regel wieder wettgemacht. Richard Lewontin, Genetiker an der Harvard-University, bezweifelt den Sinn der Hybridzüchtung auf lange Sicht. Lewontin argumentiert, daß die Hybridzüchtung die genetische Einheitlichkeit erhöht und damit die genetische Vielfalt der offenbestäubten Sorten verdrängt. Nach Lewontin beherrschen vier amerikanische Firmen den Saatgutmarkt für Mais. Alle vier produzieren genetisch fast identische Sorten, die Kreuzungen aus Inzuchtlinien staatlicher Zuchtstationen in Missouri und Iowa sind.

J. A. Browning (Iowa State University) und Lewontin befürchten, daß die genetische Armut im US-Maisanbau seit der Erntekatastrophe von 1970 nur unwesentlich geringer wurde. In einer noch nicht veröffentlichten Arbeit vertritt Lewontin die Meinung, daß die mit Hilfe von Hybridmais erreichten hohen Erträge inzwischen von offenbestäubenden Sorten erreicht, wenn nicht sogar übertroffen werden könnten. Er behauptet, daß mindestens 50% der Ertragssteigerung bei Hybridsorten verbesserten Anbauverfahren zuzuschreiben und der verbleibende Rest auch ohne Hybridisierung zu erreichen sei. Lewontin ist überzeugt, daß der Hauptnutzen der Hybridsorten darin gelegen habe, den Saatguterzeugern die Kontrolle über den Markt zu verschaffen. Anders gesagt: die kurzfristigen Gewinne für die Farmer werden von der langfristigen Marktkontrolle der Saatgutkonzerne bei weitem übertroffen. Ihr Ergebnis ist ein erhöhtes genetisches Risiko sowie eine erhebliche Kostensteigerung für die Bauern.[12]

Seit den späten sechziger Jahren stehen Cargill, Funk (heute Ciba Geigy), Dekalb, Pioneer, Northrup-King (heute Sandoz) in einem erbitterten Wettrennen um die Züchtung von Hybridsorten bei Sommer- und Winterweizen.[13] Seit 1974 verkaufen Dekalb und Pioneer Hybridweizensaatgut an die amerikanischen Farmer. Vier Prozent des damals ausgebrachten Saatguts entfiel auf Hybridweizen. Angesichts einer Weizenanbaufläche von fast 30 Millionen Hektar in den USA schienen die Marktchancen phantastisch.[14] 1976 wurde berichtet: «Dieses Jahr sind mindestens schon zwanzig Hybriden auf dem Markt, die alle aus Privatfirmen stammen.»[15] Der Hybridweizen hat die in ihn gesetzten Hoffnungen jedoch nicht erfüllt. Den Farmern des amerikanischen Westens, die in der Regel alle vier Jahre neues Saatgut kaufen und in der Zwischenzeit eigenes Saatgut verwenden, erschien die Ertragssteigerung im Vergleich zu den Kosten zu gering. Einige Firmen – darunter auch Northrup King – haben sich ganz aus dem Hybridenwettbewerb zurückgezogen. Pflanzenzüchter der University of Saskatchewan vermuten, daß sich Sommerweizen nicht hybridisieren läßt; diese Ansicht wird aber weder von Dekalb noch Pioneer geteilt, die sich in ihren Jahresberichten aus den letzten Jahren enthusiastisch über die Zukunft des Hybridweizens ausgelassen haben. Diese Überzeugung wird auch von Glen Burton geteilt – einem hochangesehenen amerikanischen Züchter –, der kürzlich vor einem internationalen Züchterpublikum in Iowa vorhersagte, daß die Hybriden den Saatgetreidemarkt noch vor Ende dieses Jahrhunderts beherrschen würden.[16]

In diese Voraussage ist aber wohl auch das eigene Forschungsinteresse Burtons eingegangen. Burton arbeitet in seiner in Clifton, Georgia beheimateten Forschungsstation an der Entwicklung apomiktischer Sorten – Wissenschaftler in Texas und Indien arbeiten ebenfalls auf diesem Gebiet. Am bekanntesten ist die Eigenschaft der apomiktischen Samenbildung bei der Wiesenrispe, einem weitverbreiteten Futtergras. Bei Sorghum, Hirse, Weizen, Mais und Reis sowie Zitrusfrüchten hat man diese Eigenschaft an einzelnen Pflanzen gefunden. Eine Nutzung dieser Eigenschaft würde für den Landwirt bedeuten, daß er einen Teil seiner Ernte als Saatgut einsetzen und so Kosten sparen kann. Wenn bei einer Art erfolgreich mit Apomixie gearbeitet werden kann, lassen sich die Forschungs- und Entwicklungskosten senken: die Entwicklungsdauer bis zur Marktreife einer Sorte ist wesentlich geringer. Normale Hybriden brauchen bis zur kommerziellen Verfügbarkeit etwa 10 bis 20 Jahre; apomiktische Hybriden können unter Umständen schon nach fünf Jahren zum Verkauf gelangen. Burton meint zu den Marktchancen der apomiktischen im Vergleich zu den normalen Hybridsorten: «Ich glaube, die Saatgutindustrie wäre daran nicht interessiert, außer sie könnte auch bei diesem Saatgut Ansprüche geltend machen.» Ein Beamter des Plant Variety Protection Office (Sortenschutzbehörde) des amerikanischen Landwirtschaftsministeriums vermutet, daß die Entwicklung eines apomiktischen Hybridgetreides «die Saatgutindustrie ausschalten» könne. Duvick vom Saatguterzeuger Pioneer ist da nicht ganz so enthusiastisch: «Wenn die apomiktischen Hybriden bis zur Marktreife entwickelt werden können, ändert sich damit auch der Charakter der Hybrid-Saatgutindustrie.»[17]

Die geringe Begeisterung der größten Saatguterzeuger ist durchaus verständlich. Die FAO meint: «In diesem Fall wäre es für den Bauern viel zu einfach, sich eigenes Saatgut zu erzeugen oder im Wege des Tauschs bei Nachbarn zu besorgen ... In den Ländern, in denen die Hybriden erfolgreich eingeführt wurden und wo die Gemüseproduktion einen wichtigen Platz einnimmt, bestehen gute Marktchancen für die Saatgutindustrie.»[18] Es ist durchaus möglich, daß im Fall von Hirse, Sorghum, Weizen und Reis keine befriedigenden Zuchtergebnisse erzielt werden können. Gerade aber bei Hirse oder Sorghum wären apomiktische Hybriden ein wichtiger Beitrag zur Ernährung der Hungernden zu Preisen, die sie sich auch leisten könnten. Ein Durchbruch auf diesem Gebiet ist jedoch – wenn überhaupt – wohl kaum noch in diesem Jahrhundert zu erwarten, da die multinationalen agrochemischen Unternehmen, die sich ständig auf der Suche nach neuen globalen Märkten befinden, von dieser Art von Forschung wenig zu erhoffen haben.

3 Auswirkungen der Sortenschutzgesetze

Die apomiktischen Hybriden stellen einen von mehreren Bereichen dar, in denen die staatlich finanzierten Forschungseinrichtungen sich auf neue Wege begeben. Eine kanadische Station experimentiert mit mehrjährigem Weizen. Am CIMMYT und der Iowa State University sind aufregende Forschungsprojekte zur Viellinienrichtung (Multi-Line) im Gange. Multi-Line bedeutet, daß eine sonst genetisch einheitliche Sorte in sich eine Anzahl geplanter genetischer Variationen aufweist, die ihre Krankheitsresistenz erhöhen sollen. Obwohl diese Forschungseinrichtung teuer und zeitintensiv ist, kann sie den Bauern, die sich in einem nicht endenwollenden Kampf gegen Rost- und andere Pilzkrankheiten befinden, bei der Sicherung der Erträge entscheidend helfen. Der Multi-Line-Hafer von J. A. Browning und K. J. Frey bedeutet besonders für die vom Rost heimgesuchten nordamerikanischen Prärien eine gute Nachricht.

Die Problematik der Multi-Line-Sorten besteht darin, daß sie möglicherweise nicht schutzfähig sind. Die bloße Tatsache ihrer sorteninternen genetischen Diversifizierung kann heißen, daß sie die Zulassungsbedingungen des Sortenschutzes nicht erfüllen können. Die westdeutsche KWS AG meint hierzu: «Das Konzept der Multi-Line-Sorten ist keineswegs neu; soweit wir wissen, sind diese Sorten – Schutzbestimmungen hin oder her – derzeit nicht auf dem Markt. Multi-Line-Sorten sind, wenn sie beispielsweise zum Schutz gegen Schwarzrost aus isogenen Zuchtlinien stammen, zumindest phänotypisch so einheitlich wie alle anderen Sorten.»[19] Anders ausgedrückt wäre es technisch machbar, Multi-Line-Sorten schützen zu lassen – sicher ist man sich dieser Sache aber nicht. Es besteht immer das Risiko schutzrechtlicher Auseinandersetzungen. Es ist möglich, daß eine in jahrelanger Arbeit entwickelte Multi-Line-Sorte die Anforderungen der jeweiligen Schutzbestimmungen an die genetische Einheitlichkeit nicht erfüllt. Die juristische Beurteilung der Multi-Line-Sorte variiert von Staat zu Staat. Diese Faktoren wirken sich insgesamt dahingehend aus, daß ein für die landwirtschaftlichen Erzeuger unter Umständen extrem profitabler Entwicklungszweig für die Großfirmen mit zu vielen Risiken belastet ist, als daß sie bereit wären, in ihn genug zu investieren.

4 Zucht und Agrochemie – eine bedenkliche Verbindung

Das genaue Gegenstück zum Multi-Linie-Ansatz und anderen Bemühungen zur Züchtung krankheitsresistenter Sorten stellt die auf den Einsatz chemischer Schutzmittel ausgerichtete Züchtung dar. Diese Möglichkeit stach offensichtlich den multinationalen agrochemischen Konzernen in die Augen, die sich derzeit so eifrig in die Saatgutindustrie einkaufen. Ist es dem Pflanzenzüchter möglich, Sorten zu züchten, die bestimmte Chemikalien brauchen? Viele Fachleute halten das für unwahrscheinlich. Die Züchtung sei auch ohne zusätzliche neue Anforderungen schwierig genug, meint etwa B. Harvey (University of Saskatchewan). J. S. Bubar (Nova Scotia Agricultural College), ansonsten eher ein Befürworter des Sortenschutzes, ist hingegen anderer Ansicht: «Ich teile die Befürchtung, daß bestimmte neuentwickelte Sorten nur noch unter spezifischen Bedingungen gedeihen, zu denen auch der Einsatz bestimmter chemischer Hilfsstoffe gehören kann.»[20] Lewontin (Harvard University), der zu den Sortenschutzgesetzen wiederum eine ganz andere Haltung einnimmt, pflichtet Bubar in diesem Punkt bei: «... es gibt berechtigte Gründe für den Verdacht, daß die Chemiefirmen ihre chemische Forschung auf die von ihnen entwickelten Sorten abstellen.»[21]

Dieser Gelehrtenstreit wurzelt möglicherweise in einer Fehlinterpretation der möglichen Verbindungen zwischen Chemie und Pflanzenzucht. Entwickelt man einen kurzstrohigen Reis, der dann vom Unkraut überragt wird, braucht man ein Pestizid, mit dem man das Unkraut niederhalten kann. Verfügt eine Firma bereits über ein entsprechendes Mittel, muß sie ihre Pflanzenzuchtabteilung nur noch anweisen, auf Kurzstrohigkeit zu züchten. Da die kleinwüchsige Sorte eventuell Vorteile haben kann, ist das Endergebnis für die Bauern unter Umständen durchaus akzeptabel – die in Florida entwickelte MH-1-Tomate ist ein ausgezeichnetes Beispiel dafür. Das Mittel «Ethrel» von Amchem wird schon lange im Reifeprozeß von Tomaten verwendet – mit ihm läßt sich die Ernte auf den günstigsten Zeitpunkt einstellen.

Die Tomatenzüchter der University of Florida haben mit Unterstützung der Industrie ein Projekt zur Züchtung einer Sorte durchgeführt, die nur noch reifen sollte, wenn sie mit diesem Mittel behandelt wird. Zweifellos wird Amchem (heute Union Carbide) den Schöpfern dieser Sorte auf ewig zu Dank verpflichtet sein. Die Verbraucher sind dagegen über dieses segensreiche Wirken der Chemie weniger erfreut, und die Industrie ist sich dessen auch durchaus bewußt. Dazu ein Weiterverarbeiter: «Den Begriff ‹Begasung› verwenden wir nicht so gern für die Tomatenreifung – wir nennen den Vorgang lieber ‹Entgrünung›.»[22]

Für den Einstieg der agrochemischen Konzerne ins Saatgutgeschäft gibt es viele gewichtige Gründe. 1978 wurden die Entwicklungskosten für ein neues Pflanzenschutzmittel auf horrende 15 Millionen Dollar geschätzt, wogegen die Entwicklung einer neuen Nutzpflanzensorte – einschließlich der Entwicklung von Hybriden – ungefähr zwei Millionen Dollar kostete.[23] Ciba-Geigy schätzt, daß die Kosten eher in der Nähe von 10 Millionen Dollar liegen.[24] Der Zeitaufwand bei der Pestizid-Entwicklung ist ganz enorm; jede Chemikalie wird 65 Toxizitätsprüfungen unterzogen, die mindestens 400000 Dollar verschlingen. Die Entwicklung dauert acht bis zehn Jahre; im Verlauf der Entwicklung müssen bis zu 5000 Chemikalien synthetisiert werden.[25] Angesichts der hohen Kosten und des relativ hohen Risikos, daß das neue Mittel von den Umweltbehörden nicht zugelassen wird, stellt das Engagement der Agrochemie im Saatgutbereich eine Form der Produktabsicherung dar – es wird so sichergestellt, daß eine Produktlinie den Bedarf nach der nächsten weckt.

Die Auferstehung eines trojanischen Pferdes

Eine weitere recht alarmierende Entwicklung auf internationaler Ebene ist das Wiederaufleben des Industry Cooperative Programme, eines Zusammenschlusses von Agrobusiness-Konzernen, der 1978 aus der FAO ausgeschlossen wurde. Trotz anfänglicher Ablehnung durch das UNDP gelang es den Konzernen dann doch, als Industry Council for Development (ICD) wieder unter den Mantel der Vereinten Nationen zu schlüpfen. Der ICD hat seinen Sitz jetzt in New York und ist vom Generalsekretär der UN zu enger Zusammenarbeit aufgefordert worden. Die erste wichtige Initiative des ICD war die Schaffung eines kommerziellen Saatgut-Projektes (Commercial Seed Industry Development Project/CSIDP), das seinen Sitz in London hat und von J. I. Hendrie von der Shell International Chemical Co. koordiniert wird. Das CSIDP wird in einer eigenen Broschüre als «ein Programm zur Steigerung der landwirtschaftlichen Produktion in Entwicklungsländern durch Unterstützung einheimischer Saatgut-Unternehmen» beschrieben. Das CSIDP fungiert als Drehscheibe für ein Konsortium von transnationalen Saatgutkonzernen, die am Aufbau von «Partnerschaftsprogrammen» mit der Dritten Welt interessiert sind. Der ICD und damit wohl auch das CSIDP können finanzielle Unterstützung von der staatlichen Entwicklungshilfe-Organisation der USA (US-AID) und möglicherweise auch Kanadas (CIDA) erwarten. Unter der Fahne der UNO haben die hinter dem ICD stehenden Konzerne nun wieder direkten Zugang zu den Entwicklungsbemühungen der Dritten Welt.

Es liegt auf der Hand, daß jedes Zuchtprogramm eine gewissermaßen natürliche Einseitigkeit in sich trägt. Alles in allem scheinen die öffentlichen Zuchtstationen eher in der Lage, die manchmal unterschiedlichen Bedürfnisse von Erzeugern und Verbrauchern zum Nutzen beider Seiten auszubalancieren. Die Züchter der Konzerne sind angesichts ihrer weitaus größeren Abhängigkeit in Gefahr, ihre Loyalität zu teilen; in diesem Fall sind Erzeuger wie Verbraucher die Verlierer. Die Regierungen sollten nicht so naiv sein, zu glauben, daß mit der Schaffung von Sortenschutzbestimmungen das Tor zu neuen und innovativen Formen der Pflanzenzucht aufgestoßen oder die Gesamtzahl der Züchter erhöht wird. Sie schaffen vielmehr eine Situation, deren mögliche Konsequenzen bisher allem Anschein nach offiziell noch gar nicht zur Kenntnis genommen worden sind.

Kapitel 9
Lehren aus der Tätigkeit der Konzerne

> «Ich weiß nicht, was Ammoniakdünger genau ist. Wenn man darunter Guano versteht, Superphosphat oder beliebige andere künstliche Produkte dieser Art, dann könnten wir das indische Volk auch gleich bitten, seine Äcker mit Champagner zu düngen.»
>
> Lord Mayo, Vizekönig von Indien, 1870

> «Gadsden, immer auf der Suche nach schnellverdienten Dollars, zeigt sich enttäuscht darüber, daß Merck sich bisher auf die kranken Menschen beschränkt hat. Er sagt, daß er es viel lieber sähe, wenn Merck wie Wrigley's wäre und ‹für jedermann› etwas zu verkaufen hätte. Dementsprechend träumt er schon lange davon, ein paar anständige Produkte für Gesunde zu produzieren.»
>
> Wyndham Robertson, in Fortune, März 1978

Es wäre schwierig, die Saatgutwirtschaft nach ihrer Vergangenheit beurteilen zu wollen, weil es sich eben nicht mehr um denselben Wirtschaftszweig handelt wie noch vor einer Generation – oder selbst wie in den sechziger Jahren. Es ist jedoch möglich, das Verhalten der Firmen zu beurteilen, die heute auf diesem Gebiet tätig sind – also der Pestizide und Pharmazeutika produzierenden Konzerne. Alle drei Sektoren – Saatgut, Chemikalien und Medikamente – sind äußerst forschungsintensiv. Medikamente werden häufig aus Pflanzen gewonnen; zwischen Pflanzen und Agrochemie besteht ebenfalls ein enger Zusammenhang. Zu einem gewissen Teil war die Forschung einer pharmazeutischen oder chemischen Firma schon immer mit der Pflanzenforschung verknüpft. Leider ist der größte Teil der Forschungs- und Entwicklungsanstrengungen meist in Marktanalysen und Produktwerbung geflossen. Dieses Syndrom scheint bei Pestiziden und Pharmazeutika allgemein verbreitet zu sein – im Saatgutgeschäft werden wohl bald dieselben Verhältnisse herrschen.

1 Agrochemie

Wir haben bereits darauf hingewiesen, daß die Grüne Revolution zugleich auch eine Dünger- oder agrochemische Revolution gewesen ist; Saatgut und Chemikalien sind also in der landwirtschaftlichen Praxis bereits eng miteinander verzahnt. Da die Hersteller von Bioziden, Düngemitteln und Wachstumsregulatoren heute zugleich auch Saatguterzeuger sind, läßt sich ihre Interessenlage im Saatgutbereich wesentlich besser einschätzen.

Biozide

Ein kanadisches Komitee, das sich mit Fragen der Unkrautbekämpfung beschäftigt, beklagte sich in seinem Bericht über das kanadische Biozidgeschäft «über den Trend zu immer mehr Zulassungen ‹neuer› Herbizide, bei denen es sich um enge Verwandte bereits im Handel befindlicher Mittel handelt»[1]. Das trifft keineswegs nur auf Kanada zu. Richard Felger berichtet zur Lage in den USA: «Trotz aller neuen Pestizide gibt es keineswegs weniger Krankheiten. Das Spiel ist nicht gewonnen, es handelt sich immer nur um eine Verschnaufpause.»[2] Der amerikanische Markt bietet den Bauern, Gärtnern und Haushalten 63 000 Biozide an, von denen aber in chemischer Hinsicht nur wenige stark voneinander abweichen.[3] Die kanadischen Ernteverluste liegen beispielsweise seit dem Zweiten Weltkrieg konstant bei etwa einem Drittel der Gesamtgetreideernte.[4]

Konzentration der Konzerne

Auf der Erde gibt es nur etwa dreißig bedeutende agrochemische Konzerne. Zum größten Teil sind sie auch im Saatgut- und Pharmazeutikabereich aktiv. Die Unternehmenskonzentration ist besonders für die kleineren Staaten typisch. Wenn der Inlandsmarkt klein ist, sind die einheimischen Biozidanbieter aller Wahrscheinlichkeit kaum mehr als Verkaufsbüros der großen internationalen Unternehmen. Dies gilt vollauf für die kanadische Biozid-Industrie, die im wesentlichen Importe ihrer Muttergesellschaften anbietet. Dazu kommt, daß sich multinationale Konzerne an den großen Märkten orientieren; die kleineren Märkte müssen sich an die Ergebnisse der Forschung für die großen Märkte so gut anpassen, wie es eben geht.

Die Bücher kosten nur noch ein Fünftel ihres früheren Preises …

Biozide in der Dritten Welt

Biozide werden am nötigsten in Ländern gebraucht, die Baumwolle, Mais, Reis, Weizen, Sojabohnen sowie Obst und Nüsse produzieren. Solange staatliche Subventionen winken, sind Verkäufe in die Dritte Welt vielversprechend. Derzeit vermarkten viele Firmen ihre Biozide in die Dritte Welt. Ihr besonderes Interesse an den Märkten der Entwicklungsländer hat vor allem bei der Weltgesundheitsorganisation Befürchtungen ausgelöst; die WHO behauptet, daß in den armen Ländern jedes Jahr 500000 Menschen durch Pestizide ernsthaft erkranken. Auf vielen Großfarmen werden die Mittel per Flugzeug gespritzt, über Pflanzen wie Arbeiter gleichermaßen – und ohne jede Vorwarnung. Das UNEP fügt dem hinzu, daß inzwischen mehr als dreihundert Insektenarten durch Mutation resistent geworden sind und mit den herkömmlichen Mitteln nicht mehr unter Kontrolle zu halten sind.[5] In El Salvador haben sich die Malariaerkrankungen in den frühen siebziger Jahren trotz ständigen Einsatzes chemischer Mittel verdoppelt.[6] Viele Bauern und Landarbeiter der Dritten Welt können giftige Agrochemikalien gar nicht sachgemäß einsetzen, weil sie die Gebrauchsanleitungen nicht lesen können; könnten sie es, würden sich die erforderlichen Schutzmaßnahmen allein schon aus Kostengründen von selbst verbieten.

Die Agrochemie gilt weltweit als eine der am schlechtesten überwachten Industrien.[7] Als Folge ungenügender Maßnahmen der amerikanischen Umweltschutzbehörde war es 1977 einigen skrupellosen Chemieunternehmen möglich, ca. 35 Millionen Kilogramm nicht zugelassene oder verbotene Biozide aus den Vereinigten Staaten in die Dritte Welt zu exportieren. Obwohl Exporte dieser Art nicht verboten sind, muß der Export von Chemikalien aus einem Land, in dem sie als gefährlich gelten und deshalb nicht verwendet werden dürfen, in Länder, in denen sie nicht verboten sind und die nicht über deren Risiken aufgeklärt werden, zumindest als unmoralisch gelten. Zwischen 1957 und 1972 wurden im Rahmen des amerikanischen Entwicklungshilfeprogramms Pestizide im Wert von 550 Millionen Dollar in die Dritte Welt exportiert. Obwohl exakte Zahlen nicht verfügbar sind, ist geschätzt worden, daß ein wesentlicher Teil dieser Menge aus Chemikalien bestand, die in den USA nicht oder nicht mehr zugelassen waren. Anders gesagt: Mit Hilfe der amerikanischen Regierung verramschten diese Unternehmen gefährliche Güter auf unverdächtigen Märkten – den Märkten der Armen.[8]

Chemikalien und Profitraten

Einigen Aufschluß darüber, welche Art von Kreativität in den Forschungs- und Entwicklungsabteilungen der Pestizid-Industrie erwünscht ist, gibt Donald G. Manly von Air Products and Chemicals: «Wir haben eine extrem profitorientierte Organisation – aus dem Glauben heraus, daß der Sog des Markts stärker ist als der Antrieb der Technologie. Der Forschungs- und Entwicklungsbereich wird als integraler Teil unserer nur auf Profit orientierten Organisation betrachtet. Als Folge dessen sind unsere Forscher viel stärker am Unternehmenserfolg orientiert als der reine Wissenschaftlertyp. In unserer Personalpolitik, auch in der Rekrutierung von Nachwuchs aus dem Hochschulbereich, stellen wir unsere Auswahl ganz bewußt auf eine gewissermaßen nichtwissenschaftliche Forschungsarbeit ab.»[9] Manly würde auf entsprechende Fragen bestimmt antworten, daß der beste Weg zu hohen Profitraten darin besteht, Kunden – also den Bauern – hohe Gewinne zu sichern. Diese simple Formel hat für die Pächter und Landarbeiter auf den Großfarmen und Plantagen in der Dritten Welt allerdings wenig Bedeutung. Die multinationalen Konzerne, denen diese Güter gehören, haben ihre eigene Definition von Rentabilität: es erkrankt ja schließlich der Landarbeiter und nicht der Konzern. Werden die agrochemischen Unternehmen, die in der Saatgutbranche arbeiten, mehr Rücksicht auf die Bedürfnisse der Dritten Welt nehmen? Werden sie auf

Tabelle 15: Exporte «nichtzugelassener» oder «nicht mehr zugelassener» Biozide aus den USA in die Dritte Welt

Biozid	Patenteigentümer
Aldrin	Shell
Strobane	Tenneco
Toxaphene	Hercules
Heptachlor	Velsico (Shell)
Lindan	Chevron Chemicals (Standard Oil of California)
Endrin	Shell
BHC (Benzol-Hexachlorid)	Hooker Chemicals (Occidental Petroleum)
Methyl-Parathion	Bayer und Monsanto
Parathion	Bayer und Monsanto
Dieldrin	Shell
Proxpur	Bayer und Chemagro
Leptophos	Velsico (Shell)

Quellen: Saskatchewan Department of Agriculture, 1978; Science, 1978.

dem Exportsektor verantwortlicher handeln? Werden sie in der Forschung wirklich neue Wege beschreiten?

Private Tests – ein Problem

Die Einführung des Sortenschutzes wird in dem betreffenden Land auf jeden Fall zu einem Anstieg der Zahl von Prüfungs- und Zulassungsverfahren führen. Ob sich diese Tests auf Unterscheidbarkeit, Neuheit, Homogenität und Beständigkeit der neuen Sorten konzentrieren, oder ob sie auch deren «landeskulturellen Wert» miteinbeziehen: die öffentlichen Zuchtstationen befürchten, daß diese Arbeit an ihnen hängenbleiben wird. In Kanada haben einige staatliche Züchter dies als ein wesentliches Problem des Sortenschutzes erkannt und gegen die entsprechenden Gesetzesvorlagen Widerspruch erhoben, weil sie befürchten, in Zukunft ihre ganze Zeit auf die Prüfung von Konzern-Sorten verwenden zu müssen. Hierfür gibt es jedoch auch noch eine andere Möglichkeit. Langfristige Medikamenten- und Pestizidprüfungen werden in den USA in der Regel Privatfirmen anvertraut. Die Ergebnisse werden zwar von den Behörden stichprobenweise überprüft; im großen und ganzen vertraut man den ausführenden Unternehmen jedoch.

Vor einigen Jahren änderte sich all dies durch eine Firma namens Industrial Bio-Test Ltd. (IBT), eine in Chicago ansässige Tochtergesellschaft des Chemieunternehmens Nalco. Regierungsbeamte entdeckten nämlich, daß die IBT – das führende Testunternehmen auf dem Gebiet der Pestizide – Tests und Prüfungsergebnisse gefälscht hatte. Auf eine Dauer von zwei Jahren angelegte Rattentests wurden gelegentlich schon nach anderthalb Jahren beendet und die Ergebnisse der restlichen sechs Monate frei erfunden. Die Untersuchungen förderten zutage, daß sich diese folgenschweren Manipulationen und Versäumnisse über ganze zehn Jahre erstreckten. Insgesamt bestand bei 483 Pestiziden von 235 Firmen der Verdacht unzureichender Testdurchführung.[11] Unter den Kunden der IBT, deren Produkte nochmals getestet werden mußten, befanden sich etliche der im Saatgutsektor tätigen Konzerne: Occidental Petroleum, Upjohn, Shell, Monsanto, FMC, Diamond Shamrock und Ciba-Geigy.

Auch die kanadische Regierung geht davon aus, daß die Privatwirtschaft die notwendig werdenden Tests durchführt. Dies könnte sich als folgenschwerer Irrtum herausstellen. Nach der Aufdeckung des IBT-Skandals untersuchten die amerikanischen Behörden die Testverfahren weiterer hundert Privatfirmen und Universitäten. Sie entdeckten, daß die meisten Testverfahren wesentliche Mängel aufwiesen. Angesichts dessen stellt sich die Frage, ob von seiten der Firmen, deren Produkte diesen Tests unterworfen wurden, Druck ausgeübt wurde. Wie auch immer – es fällt einem schwer zu glauben, daß die Regierungen die Prüfungen im Saatgutbereich besser überwachen werden, als sie dies im Fall der Sicherheitstests für Pestizide und andere Chemikalien getan haben.

2 Erfahrungen aus dem Pharmazeutika-Bereich

Die Giganten, die heute hinter den Saatgutunternehmen stehen, haben ihren Ursprung vor allem in der chemischen Industrie. Selbst ein oberflächlicher Blick auf die Geschichte der chemischen Industrie läßt die Vermutung aufkommen, daß auf die Bauern und Verbraucher noch etliche Überraschungen zukommen werden, wenn diese Firmen im Saatgutsektor in ähnlicher Weise arbeiten.

Konzentration der Konzerne

1974 sagte die Londoner *Times* voraus, daß 1980 vierzig multinationale Chemieunternehmen 30 % eines geschätzten Weltumsatzes von 50 Milliarden Dollar kontrollieren würden.[12] Heute kontrollieren allein drei Schweizer Firmen – Hoffmann-La Roche, Sandoz und Ciba-Geigy – ungefähr 15 % des Weltumsatzes. Die beiden letztgenannten Konzerne sind auch auf dem Saatgutmarkt führend.[13] Trotz der enormen Spannbreite der Gesundheitsprobleme in der Welt ist es der pharmazeutischen Industrie gelungen, für ihre Erzeugnisse in fast allen Ländern eine Marktlücke zu finden – und einen großen Teil ihrer Umsätze in der Dritten Welt zu machen. *Business Week* schätzte 1974, daß die Auslandsverkäufe der amerikanischen Firmen 40 % des Profits erbrachten.[14] Im selben Jahr gingen ein Drittel aller Verkäufe in die Dritte Welt, die zwei Milliarden Dollar für Medikamente ausgab. Dieser Betrag hat sich nach Untersuchungen von Claire Brisset vom *Guardian* in den letzten fünf Jahren verdoppelt und wird sich 1981 bereits auf sechs Milliarden Dollar belaufen. Schon 1974 hatten die Schulden der Dritten Welt bei der Pharmaindustrie 1,5 Milliarden Dollar erreicht – ein sehr beträchtlicher Teil der Gesamtverschuldung für Technologieeinkäufe.[15]

Gesetzliche Arzneimittelkontrolle

Patente spielen für die pharmazeutische Industrie seit jeher eine Schlüsselrolle. Wie H. F. Dowling 1970 in einer Studie über die gesetzlichen Regelungen, die für diese Industrie gelten, anmerkte, hat die Absicherung durch das Patentrecht in keiner Weise zu neuen Impulsen für die Forschung geführt. Dowling verweist als Beispiel auf das Chloramphenicol von Parke-Davis, das der Firma in den siebzehn Jahren seiner Patentlaufzeit riesige Profite einbrachte, von Parke-Davis jedoch nicht weiterentwickelt wurde. Dieses Verhalten steht im Gegensatz zur wesentlich intensiveren Forschungstätigkeit ähnlicher pharmazeutischer Firmen im selben Zeitraum. Die Tatsache, daß das Patentrecht und der Profit den Firmen als Ruhekissen diente, hat auch Folgen für das genetische Material der Pflanzen gehabt, die diese Medikamente überhaupt erst ermöglichen. Wenn ein natürlicher Wirkstoff erst einmal gefunden und dann auch in den Labors synthetisch dargestellt worden ist, stagniert in aller Regel Feldforschung und Analyse natürlicher Vorkommen. Obwohl die Industrie die Bedeutung der Pflanzen für die pharmazeutische Forschung anerkennt, steht sie der genetischen Bestandserhaltung apathisch gegenüber.[16] Nach einem Artikel der *Business Week* wird die Hälfte der 200 umsatzstärksten Medikamente, die derzeit in Amerika auf dem Markt sind, Anfang der achtziger Jahre ihren patentrechtlichen Schutz verlieren.[17] Die pharmazeutische Industrie Großbritanniens, die sich Mitte der siebziger Jahre einer ähnlichen Lage gegenübersah, hatte sich zwischen einer radikalen Aufstockung ihrer Forschungsprogramme und dem Versuch zu entscheiden, die Dauer der Patentlaufzeiten zu erweitern. 1977 wurde die englische Patentgesetzgebung verändert, um der Industrie weitere vier Jahre Sicherheit zu verschaffen.[18]

Wie die Saatgutindustrie ist auch die Pharma-Industrie einem Zulassungssystem unterworfen, das einen gewissen Verbraucherschutz gewährleisten soll. Fisons beschreibt, was aus dem Zulassungsverfahren in Großbritannien wurde: «Artikel 31 des 1949 verabschiedeten Patentgesetzes, der die Zwangslizenz bei Pharmazeutika regelt, wurde auf massiven Druck der Industrie außer Kraft gesetzt. Dieser Vorteil ging jedoch durch die Lizenzbestimmungen des neuen Gesetzes teilweise wieder verloren.» Die Industrie versucht seitdem mit aller Macht, die neuen Lizenzbestimmungen ebenfalls zu Fall zu bringen.[19] Auch hier muß man sich fragen, ob die selben Firmen im Fall der die Bauern schützenden Gesetze ebensoviel Einfluß geltend machen können wie im Fall der Bestimmungen, die die Gesundheit der Bevölkerung sichern sollen.

Die Sprecher von Industrie und Behörden führen zugunsten des Sortenschutzes oft das Argument an, daß dieser patentähnliche Schutz die Firmen dazu anregen werde, für ihre Produkte bei den Bauern zu werben und damit deren Informationsstand zu erhöhen. Eine solche Interpretation der Funktion der Werbung erregt günstigstenfalls noch Heiterkeit. Bestimmte Sprecher der Industrie kontern damit, daß die Werbung ja von der Regierung streng kontrolliert werden könne, um sicherzustellen, daß die Bauern den Tatsachen entsprechende Angaben für die jeweiligen Sorten, ihre Eigenschaften und ihre Ansprüche im Anbau bekämen. Das Geld für diese Anzeigen – das ja offensichtlich aus den Verkaufserlösen für Saatgut stammt – sei gut angelegt, weil sich die Bauern auf diese Weise auf Grund umfassender Informationen für eine bestimmte Sorte entscheiden könnten und nebenbei auch mehr Qualitätssaatgut kaufen würden.

Auch hier besteht eine Parallele zur Pharma-Industrie. Die Regierungen sind in der Regel sehr darum besorgt, daß die Öffentlichkeit nur klare und richtige Informationen über Medikamente bekommt. In der Tat richtet sich die Medikamentenwerbung großenteils, auch an die Ärzte, die sich in jahrelanger Praxis eigentlich eine nüchterne Einstellung zu Medikamenten erworben haben sollten. Die Werbungskosten erreichen bei manchen Unternehmen bis zu 15 % des gesamten Medikamentenumsatzes und enthalten nicht selten ausführliche und dementsprechend teure Informationen zur Wirkungsweise und den Gefahren der angepriesenen Medikamente. Leider können wir jedoch nicht davon ausgehen, daß die Ärzte bei der Verschreibung von Medikamenten so abgeklärt verfahren, wie man uns weismachen will: «Ein Drittel aller Pharmaberichte fanden sich in obskuren Blättchen, die vollständig von der Industrie finanziert werden, die das Geld gibt, um ihre Berichte publizieren zu können.»[20] Eine von der englischen Haslemere Group in der Mitte der siebziger Jahre durchgeführte Untersuchung kam zu dem Ergebnis, daß die Ärzte bei der Medikamentenwahl von teuren Werbegeschenken beeinflußt wurden. Nach dem Bericht kam auf jeweils acht praktische Ärzte ein sogenannter Pharmareferent (Medikamentenvertreter).[21] Die Ärzte neigen deshalb schon seit eh und je dazu, an Stelle der sogenannten Generics[22] die teureren Markenpräparate zu verschreiben. *Business Week* hat berichtet, daß die amerikanische Regierung 88 Millionen Dollar pro Jahr sparen könnte, wenn nur noch Generics verschrieben würden.[23]

Die Saatgutfirmen des neuen Typs sehen die Werbung ganz sicherlich als wichtiges Mittel, an die Farmer heranzukommen. Der Anteil der auf die Farmer zielenden Radiowerbung in den ländlichen Gebieten der USA hat sich in den letzten Jahren um mindestens 35 % erhöht. Zu den Firmen mit den größten Werbeetats gehören Elanco (*Eli Lilly*), American Cynanamid, Ciba-Geigy und Monsanto. Diese Werbung kostet nicht nur das Geld der Farmer, sie beschneidet auch die Wettbewerbsfähigkeit der von öffentlichen Einrichtungen gezüchteten Sorten, weil die Universitäten und Regierungen wohl kaum in einen aggressiven Werbewettstreit mit den privaten Anbietern treten werden.[24] Ein hoher Beamter der amerikanischen Regierung meint dazu: «Wenn sich ein Land in der Entwicklung befindet und ihm das Erziehungssystem fehlt, das es braucht, um seinen Bauern Lesen und die Kenntnisse beizubringen, die sie zur Auswahl der geeigneten Sorten haben müssen, dann muß dieses System scheitern.» Das System, das er meint, sind die gesetzlichen Bestimmungen über die korrekte Auszeichnung von Waren, das in den USA besteht. Doch selbst in diesem hochentwickelten Land erreicht die jährliche Zahl der gemeldeten Verstöße gegen diese Bestimmungen mehr als tausend.[25]

Die klassische Illustration zu den Praktiken der Saatgutwerbung stammt aus einer 1972er Ausgabe der Zeitschrift *The Furrow*. Die Redaktion kündigte – als Ulk – aufregende neue Sorten an – darunter den «Supersalat», «Tomatenerbsen», und «Rübenweizen». Beim «Rübenweizen» handelte es sich angeblich um eine Pflanze, deren oberirdischer Teil aus Weizen, der unterirdische aus einer Zuckerrübe bestand, so daß die Farmer Weizen ernten konnten, «während die Rüben weiterwachsen». Der «Supersalat» gar hatte folgendes zu bieten: «Die äußere Schicht besteht aus knackigen Kopfsalatblättern; danach kommt eine Lage zarter Gemüsezwiebel, es folgt ein prächtiger grüner Paprika, der eine schmackhafte Tomate umschließt.» Alles, was der Verbraucher noch tun müsse, sei die Zugabe einer Salatsauce. Soweit bekannt, erreichten die Redaktion noch bis vor kurzem gelegentliche Nachfragen nach der Bezugsquelle dieser Saaten.[26]

Wenn *The Furrow* das Urheberrecht an der besten Persiflage für sich in Anspruch nehmen kann, dann kann sich *Canadian Business* immerhin der bezeichnendsten Äußerung zur Saatgutwerbung rühmen. George Jones, der Direktor der Pflanzenzucht von Ciba-Geigy, soll gesagt haben, daß die einschlägigen Firmen dank des Sortenschutzes «für alles werben können, was diese Dussel (die Bauern) kaufen müssen»[27]. Dies ist keineswegs nur ein Problem der entwickelten Welt. Die philippinische Regierung beispielsweise ließ J. Walter Thompson für die Grüne Revolution werben – Thompson ist eine der größten internationalen Werbeagenturen überhaupt.[28]

Arzneimittelforschung

Wie kreativ und innovativ sind die Saatgutgiganten in ihrer Pharmazeutikaentwicklung? Manche Firmen sind der Ansicht, daß die mit hohen finanziellen Risiken belastete Grundlagenforschung besser beim Staat aufgehoben sei – sie teilen also die Ansicht der Saatgutindustrie über die Rolle des Staats in der Pflanzenzucht.[29] Die Vorliebe der Pharma-Industrie für risikoarme, marktgerechte Medikamente ist von der englischen Sainsbury-Kommission überzeugend belegt worden. Nach dieser Untersuchung überprüften britische Experten die therapeutische Wirkung von 2241 von 3000 damals im Handel befindlichen Medikamenten und kamen zu dem Schluß, daß mindestens 35 % davon wirkungslose, überholte oder unsinnige Wirkstoffkombinationen darstellten.[30] Eine Untersuchung der amerikanischen Regierung aus dem Jahre 1971, die sich mit zweitausend auf dem US-Markt befindlichen Präparaten befaßte, fiel noch kritischer aus; die Studie kam zu dem Ergebnis, daß bei 60 % der untersuchten Medikamente ein Nachweis der behaupteten therapeutischen Wirkung nicht zu erbringen war.[31] Trotz dieser Erkenntnisse beließen die Behörden beider Länder die unwirksamen Mittel meist auf dem Markt. Ein ehemaliger Forschungsleiter sagte 1968 vor einem Komitee des US-Senats über die Forschungssituation in der amerikanischen Pharma-Industrie: «Das Problem besteht darin, daß sie (die Pharma-Firmen) so viele von ihren Fehlentwicklungen auf den Markt bringen.»[32] Diese lebenswichtige Industrie hat der Welt bisher nicht die Qualitätsprodukte angeboten, die sie von ihr erwarten kann.

Pharmazeutika in der Dritten Welt

Von den 69 zwischen 1969 und 1973 in den USA neu zugelassenen Medikamenten wurden 13 zuerst außerhalb der Vereinigten Staaten getestet und verkauft – in den meisten Fällen in der Dritten Welt.[33] Dieser Trend wurde von Gregory Pincus aus der Taufe gehoben, der die von ihm erfundene empfängnisverhütende «Pille» vor 25 Jahren an armen puertorikanischen «Freiwilligen» ausprobierte. Seitdem ist aus der Dritten Welt ein billiges Testgebiet für eine ganze Vielzahl neuer Chemikalien geworden – ein Mittel, die Forschung dadurch zu beschleunigen, daß man die Tests an menschlichen Versuchskaninchen durchführen kann.

In ähnlicher Weise stellen bestimmte Länder der Dritten Welt den Ramschmarkt für Medikamente dar, die sich in der Ersten Welt als mangelhaft herausgestellt haben; oft auch müssen sie dazu herhalten, die Produktlebensdauer überholter Präparate zu verlängern. Es ist mehr als einmal vorgekommen, daß Regierungen der Dritten Welt dazu verführt wurden, nutzlose Medikamente zu kaufen. Fünf- bis achthundert Medikamente decken ungefähr 80 bis 85 % der medizinischen Bedürfnisse des Menschen ab; in der Bundesrepublik Deutschland sind 24000 und in Italien 21000 Medikamente zugelassen. Die Weltgesundheitsorganisation (WHO) hat eine Liste von 200 für die Dritte Welt wichtigen Präparaten zusammengestellt; hinzu kommt lediglich noch eine kurze Liste weiterer komplementärer Mittel.[34] Wenn die Pharmafirmen willens waren und noch sind, nutzlose Mittel für die Dritte Welt zu produzieren und zu verkaufen, könnten sie dann nicht auch nutzlose Pflanzensorten züchten und verkaufen?

Wie wir bereits bemerkt haben, bezahlt die Dritte Welt für ihre Medikamentenkäufe horrende Summen. Mitte der siebziger Jahre legte die Regierung von Sri Lanka eine Dokumentation vor, die nachwies, daß wichtige Medikamente zu kraß überhöhten Preisen an Sri Lanka ver-

Tabelle 16: Einsparungen der Regierung von Sri Lanka beim Einkauf ausgewählter Pharmaka durch Auftragsvergabe nach Ausschreibung auf dem Weltmarkt

Früherer Lieferant	Pharmazeutikum	A Preis des früheren Lieferanten	B Neuer Preis nach Ausschreibung	B in % von A
		(Alle Preise in US $)		
Für 1975				
Ciba-Geigy	Phenylbutazon	107493	17828	17
	Imipramin	20932	2846	14
	Clioquinol/ Hydrokortsalbe	48889	18763	38
Sandoz	Oxytocin Inj.	4257	688	16
Für 1974				
Ciba-Geigy	Nikethamid Inj.	1292	181	14
	Liethandienon	29121	4216	15
	Tetracosactrin Inj.	11636	9867	85
Sandoz	Belladonna-C-Phenobarb	11046	934	8
	Belladonna und Ergot	1383	650	47
	Lanatocid-C	2954	724	25

Quelle: Case Studies in Transfer of Technology: Pharmaceutical Policies in Sri Lanka (Studie des UNCTAD-Sekretariats, TD/B/C.6/21, 1977).

kauft worden waren. Das Land entschied sich in der Folge zu einer scharfen Kontrolle dieser Industrie und veranstaltete vor dem Ankauf von Medikamenten Ausschreibungen. Indem das Land die Pharmaindustrie zum Wettbewerb zwang, sparte es allein 1975 Devisen in Höhe von 140000 US-Dollar – bei nur vier Medikamenten. Die Regierung von Sri Lanka legte hierzu eine Statistik vor, aus der wir diejenigen Medikamente ausgewählt haben, die von Unternehmen zu Überpreisen geliefert wurden, die auch im Saatgutgeschäft tätig sind – Sandoz und Ciba-Geigy (vgl. Tabelle 16).[35]

Die Erfahrungen der Regierung von Sri Lanka haben weitere 43 Länder der Dritten Welt dazu veranlaßt, eigene pharmazeutische Programme aufzustellen. Die Initiativen reichen von der Einrichtung einer zentralen nationalen Einkaufsstelle bis zu dem Versuch, das Problem durch den Aufbau einer eigenen Pharmaproduktion von Grund auf zu lösen. Es ist eine traurige Tatsache, daß sich diese Hinwendung zur nationalen Selbstversorgung mit Medikamenten in Ländern anbahnt, die gleichzeitig die Pflanzenzucht denjenigen Firmen überlassen, denen sie im Medikamentenbereich auf die Schliche gekommen sind. Es nimmt kaum Wunder, daß Fisons in seinem Jahresbericht nicht umhin kam, zu bemerken, daß «weltweit bei den Regierungen eine feindselige Haltung gegenüber der pharmazeutischen Industrie» zu beobachten sei.[36] Tatsächlich sind derzeit etliche Pharma- und Saatgutfirmen in Schadensersatzprozesse verwickelt – darunter Pfizer und Upjohn, die von Indien und Kolumbien verklagt wurden.[37] Auch Ciba-Geigy war vor kurzem das Ziel massiver Schadensersatzforderungen wegen des von dieser Firma auf den asiatischen Märkten vertriebenen Mittels Clioquinol. Japanische Stellen schätzten, daß allein in Japan 10000 Patienten durch die Behandlung mit diesem Präparat ernsthafte Gesundheitsschäden davongetragen haben. Andere Quellen setzen die Zahl der Opfer eher auf 30000 an. Die Geschädigten behaupten, daß die Firma von den schädlichen Nebenwirkungen gewußt, den Verkauf jedoch ohne angemessene Warnungen weiter betrieben habe. Ciba-Geigy hat einem außergerichtlichen Vergleich zugestimmt.[38]

Die Dritte Welt steht der gesamten internationalen Pharmaindustrie seit eh und je mißtrauisch gegenüber, nicht nur wegen der hohen Preise und des Patent-Mißbrauchs, sondern auch wegen ihrer häufig unlauteren Geschäftspraktiken. Ein solcher Fall kam 1975 ans Licht, als auf Druck der US Securities and Exchange Commission (SEC) den Firmen eine Schonfrist zur Offenlegung sogenannter «zweifelhafter Auslandszahlungen» – sonst eher als «Schmiergelder» geläufig – eingeräumt wurde. In der Höhe und Verbreitung solcher Zahlungen wurde die pharmazeutische Industrie nur noch von der Flugzeugindustrie überboten. Obwohl nicht alle Bestechungsgelder in die Dritte Welt gingen, zeigt eine genauere Analyse, daß fast alle ihren eigentlichen Adressaten in Entwicklungsländern hatten. Die beteiligten Firmen sind im übrigen nicht nur Pharma-, sondern auch Saatgutunternehmen.

Tabelle 17: «Zweifelhafte Auslandszahlungen» amerikanischer Unternehmen *

Unternehmen	Gesamtsumme in US $	Anteil des Auslandsumsatzes am Gesamtumsatz in Prozent
Anderson Clayton	2 160 000	–
Celanese	nicht bekanntgew.	25
ITT	11 338 000	52
Monsanto	3 624 700	29
Pfizer	1 665 458	57
Purex	447 336	–
Rohr-Amchem **	272 090	21
Upjohn	890 771	39

* Sämtliche Firmen sind entweder selbst oder über Tochterfirmen auf dem Saatgutsektor vertreten. Die «zweifelhaften Auslandszahlungen», unter denen Schmiergelder im weitesten Sinn des Wortes zu verstehen sind, wurden vor der US Securities and Exchange Commission nach Setzung einer Schonfrist offengelegt.

** Rohr-Amchem verkaufte seine Tochtergesellschaft Amchem Products Anfang 1977 an Union Carbide. Union Carbide wie Amchem sind in der Pflanzenzucht tätig.

Quelle: The Council on Economic Priorities, New York, 1977.

Zusammenfassung

Das Problem

Bauern in der Dritten Welt wenden sich teilweise bereits wieder von der «Grünen Revolution» ab und kehren zu herkömmlichen Sorten zurück: für die Armen vieler Entwicklungsländer ist das «Grün» nicht aufgegangen. Die Grüne Revolution ist aber nur der sichtbare Teil einer viel tiefgreifenderen landwirtschaftlichen Revolution, von der die Erzeuger wie Verbraucher in allen Teilen der Welt betroffen sind – der «Saatgut-Revolution». Diese Revolution wird von einer relativ kleinen Anzahl multinationaler agrochemischer und Pharma-Konzerne veranstaltet, die die Saatgutbranche zunehmend an sich reißen. Weil das Saatgut eine der tragenden Säulen der gesamten Nahrungskette ist, ist das Verhalten dieser Firmen und ihre quasi natürliche Vorliebe für chemische Problemlösungen für die Sicherheit der Nahrungsversorgung der ganzen Welt so ungeheuer bedeutsam. Die Saatgut-Revolution wird von zwei weiteren Schlüsseltrends begünstigt: erstens dem Einsetzen der zweiten Phase der Grünen Revolution in den Entwicklungsländern, in der die Pflanzenzüchtung immer mehr in die Hände der Multis übergeht, und zweitens dem Versuch der Industrieländer der Ersten Welt, im Interesse eben dieser multinationalen Konzerne einen patentähnlichen Schutz von Saatgut und eine entsprechende Marktbeherrschung durchzusetzen. In beiden Trends spielt die Privatwirtschaft eine wichtige Rolle.

Die Saatgut-Revolution muß dringend noch besser erforscht werden. Der von ihr bewirkte Wandel schreitet schnell voran und ist schwer zu analysieren. Zur Zeit fallen auf nationaler Ebene politische Entscheidungen, die sich auf einen revolutionären Vorgang beziehen, der von den jeweiligen Regierungen weder geplant wurde noch von ihnen in seiner Tragweite erfaßt wird. Im folgenden geben wir eine Zusammenfassung unserer Untersuchungsergebnisse, die als Ausgangspunkt für weitere Analysen und Diskussionen dienen sollen.

1. Das Überleben der Menschheit hängt von einer Handvoll Pflanzen ab. Sei es Weizen, Mais oder Reis, jede der wichtigen Nutzpflanzen der Erde hat ihre genetische Heimat in den Wawilowschen Zentren der Dritten Welt. Obwohl die gesamte Menschheit zur Aufrechterhaltung einer ausreichenden Nahrungsmittelerzeugung von einer möglichst ungeschmälerten Mannigfaltigkeit der genetischen Ressourcen der Erde abhängig ist, greifen vor allem die gen-hungrigen Industrienationen für das Überleben ihrer Nutzpflanzen in besonderem Maß auf die Dritte Welt zurück.

2. Die Legende, daß Hunger und Armut in der Dritten Welt in erster Linie auf die «Bevölkerungsexplosion» zurückzuführen sei, hat zu einer Überbetonung der mengenmäßigen Nahrungsmittelversorgung geführt. Damit war in der «Grünen Revolution» der Weg für die Verbreitung der ertragsstärkeren «Hochreaktionssorten» geebnet. Neue Sorten ersetzen alte Kulturrassen und deren wild vorkommende Verwandte in den Wawilowschen Zentren, vernichten damit die Basis für die zukünftige Pflanzenzucht und lassen die Bauern in völliger Abhängigkeit von den teuren neuen Sorten zurück.
3. Die multinationalen Konzerne haben eine nahezu vollständige Kontrolle über die zweite Phase der Grünen Revolution, die es ihnen möglich macht, ihr Saatgut in Kombination mit ihren Chemikalien in den Handel zu bringen, wobei ihnen staatliche Subventionen, Entwicklungshilfegelder und höhere Agrarpreise zugute kommen.
4. Als Folge dessen haben die agrochemischen Unternehmen ein weltweites Vertriebssystem und eine globale Marketingstrategie für ihre chemischen Produkte und ihr Saatgut entwickelt, wodurch zugleich die Wettbewerbsfähigkeit der traditionellen Kulturpflanzensorten zurückging.
5. Die Illusion, daß der schwindende Genmaterial-Bestand in den regionalen und internationalen Genbanken sicher verwahrt sei, ist weit verbreitet. In Wirklichkeit sind diese Banken finanziell kümmerlich ausgestattet und haben bereits katastrophale Ausfälle ihrer technischen Einrichtungen erleben müssen, die zum Untergang wertvoller genetischer Ressourcen führten. Überdies sind weitere Sammlungen in fast allen Teilen der Welt dringend erforderlich. Das im Ausbau befindliche internationale Genbankennetz verlagert die wertvollen Genbestände der Dritten Welt ins Ausland. Im Endeffekt überschreiten diese Ressourcen mit ihrer Auslagerung eine technologische Grenze. Die Dritte Welt kann im Blick auf den Zugang zu ihrem eigenen Genmaterial von den Industrienationen abhängig werden, wenn in diesen Ländern selbst nicht Maßnahmen zu dessen Schutz und Erhaltung ergriffen werden. Aus Afrika sind inzwischen Beispiele bekannt geworden, in denen Länder für den Import der unmittelbaren Abkömmlinge ihrer eigenen nationalen Genressourcen bezahlen mußten.
7. Eine unbekannte Größe der Konservierungsprogramme ist der Umfang der Sammlungen der großen Konzerne. Es ist indes bekannt, daß bei bestimmten Pflanzenarten eine einzelne Firma praktisch den wesentlichen Teil des gesamten Bestands an eingelagertem Genmaterial kontrolliert.
8. Mit Hilfe patentähnlicher Sortenschutzrechte bemühen sich agro-

chemische und pharmazeutische Konzerne verstärkt um die Kontrolle der wichtigsten Märkte durch ihre Sorten. Die kleineren Saatgutfirmen verschwinden rasch. Die Pflanzenzucht des öffentlichen Sektors wird mehr oder minder gezwungen, sich auf Grundlagenforschung in den Bereichen umzustellen, die für die Konzerne interessant sind.

9. Die agrochemischen Konzerne versuchen Pflanzensorten zu entwickeln, mit deren Hilfe sie ihre Chemikalienverkäufe erhöhen können. Die schädliche Folge dieses einseitigen Zuchtzieles kann in erhöhter genetischer Einheitlichkeit und Krankheitsanfälligkeit wie auch in höheren finanziellen und Umweltkosten bestehen. Die größten Firmen verfügen inzwischen über Forschungseinrichtungen für interdisziplinäre Pflanzen-, Tier- und Humangenetik.
10. Aufgrund ihrer Präsenz in mehreren Phasen der Nahrungskette versuchen die Pflanzenzüchter des Agrobusiness, sich in möglichst vielen Sektoren Profitmöglichkeiten zu schaffen. Dies versetzt sie in die Lage, die chemischen Verarbeitungs- und Vermarktungsinteressen ihrer Unternehmen in der Züchtung zu berücksichtigen. Dies jedoch muß für die wirtschaftliche Lage der Bauern oder für die Ernährung des Endverbrauchers nicht unbedingt dienlich sein.

Schlußfolgerungen

Die Saatgut-Revolution ist zu einer Zeit ins Bewußtsein breiterer Kreise getreten, zu der sie noch aufgehalten oder gar rückgängig gemacht werden kann. Die finanziellen Mittel und das technische Können, das zur Sammlung und Konservierung bedrohten Genmaterials benötigt wird, befindet sich durchaus im Bereich des den Regierungen und Behörden politisch Möglichen. Regierungen, die sich der drohenden Gefahr bewußt geworden sind, können die öffentlichen Züchtungsinstitute fördern und schützen sowie das Vordringen der internationalen Saatgutindustrie in ihr Land verhindern.

Der Schlüssel zur Mobilisierung des politischen Willens zum Schutz der genetischen Grundlagen der Nahrungsversorgung der Menschheit liegt in der Erkenntnis, daß es sich bei einigen sehr weitverbreiteten Ansichten um Mythen handelt.

1. Der Mythos, daß die «Bevölkerungsexplosion» als Bedrohung für die globale Nahrungsmittelversorgung drakonische Entwicklungsstrategien nach Art der «Grünen Revolution» nötig mache.
2. Der Mythos, daß die Industrienationen in ihren energieintensiven Produktionstechnologien die Antwort auf diese Bedrohung der Nahrungsversorgung haben.

3. Der Mythos, daß die agrochemischen Unternehmen statt Uniformität und Abhängigkeit von der Chemie in die Pflanzenzucht Kreativität und Neuerungen einbringen werden.

Kreativität und Können befinden sich im Fall der Landwirtschaft dort, wo sie schon immer waren – bei den bäuerlichen Familien. Wir empfehlen hier nicht etwa den Rückzug zu den alten Technologien oder eine Abwendung vom technologischen Wissensstand unserer Zeit, aber wir unterstreichen nochmals, daß die langfristige Sicherung der Nahrungsmittelversorgung und der Basis der Pflanzenzucht daran gebunden ist, daß die Subsistenz- und anderen Kleinbauern ihre ländliche Existenz fortsetzen und aufrechterhalten können. Diese Familien werden unsere genetischen Ressourcen besser schützen als Genbanken und Datenzentren.

Diese Untersuchung erscheint keineswegs zu einem Zeitpunkt, an dem die Krise ihren Höhepunkt erreicht und der Rubikon bereits überschritten wäre, sondern vielmehr zu einer Zeit, wo sich deutlicher abzeichnet, daß es sich bei bestimmten gängigen Ansichten um Mythen handelt. Allein schon das Wesen der Pflanzenzucht und das Tempo der Gesetzgebung wird die Krise über Jahrzehnte ausdehnen. Dennoch ist die «Revolution» in vollem Gange. Wir können sie immer noch stoppen, Methoden zur Erhöhung der genetischen Vielfalt der Nutzpflanzen entwickeln und den Anteil des öffentlichen Sektors an Bestandserhaltung und Züchtung vergrößern. Noch ist es nicht zu spät. Und doch: Es hat zehntausend Jahre gedauert, die Nahrungsversorgung auf den heutigen Stand zu bringen – nicht wieder gutzumachenden Schaden an ihr können wir aber schon im nächsten Jahrzehnt anrichten.

Empfehlungen

Die Saatgut-Revolution ist noch längst nicht abgeschlossen. Wir hoffen, daß die politisch Verantwortlichen und die Bauern auf der ganzen Welt die Folgen des sich anbahnenden Wandels erkennen und die nötigen Schritte unternehmen werden, um irreparablen Schaden von der globalen Nahrungsmittelversorgung abzuwenden. Die nahezu völlige gegenseitige Abhängigkeit von Erster und Dritter Welt auf dem Gebiet der genetischen Ressourcen läßt hoffen, daß eine internationale Zusammenarbeit zustande kommt, die sicherstellt, daß die Dritte Welt die Kontrolle über ihr genetisches Erbe behält, während die Erste Welt zu fairen Bedingungen Zugang zu dem von ihr benötigten Pflanzenmaterial erhält. Wir schlagen hierzu eine Reihe von Maßnahmen vor:

A – Konservation von Genmaterial

1. Wir empfehlen eine weltweite Kampagne zur Sammlung von genetischem Material unter der Schirmherrschaft des International Board for Plant Genetic Resources, die sich sowohl auf lokale Sorten wie wilde Varietäten erstrecken soll. Die Kampagne sollte so schnell wie möglich beginnen und finanziell gut ausgestattet werden.
2. Wir empfehlen, daß Sammlungen von Genmaterial ihren Standort in denjenigen Ländern haben sollen, aus denen sie stammen. Die Lager sollen so ausgestattet sein, daß der Bestand in angemessener Weise regelmäßig verjüngt und wissenschaftlich erfaßt werden kann. Wir empfehlen darüber hinaus, daß genügend wissenschaftliches Personal ausgebildet wird, damit alle Länder ihren Bestand in eigener Regie sammeln, konservieren und wissenschaftlich aufarbeiten können.
3. Wir empfehlen, daß in allen Wawilowschen Zentren ein Netz genetischer Schutzgebiete geschaffen wird, wo die einheimische Flora so weit wie möglich ungestört bleiben soll.
4. Wir empfehlen, daß der Anbau und die Erhaltung von Landsorten gefördert wird, die ohne besondere Pflege verschwinden würden. Dabei geht es um die Erhaltung von wichtigem Ausgangsmaterial für die Züchtung, das gut an örtliche Gegebenheiten angepaßt ist und sich genetisch weiterentwickelt zur Anpassung an veränderte Umweltbedingungen (zum Beispiel genetische Veränderungen bei Krankheitserregern). Gegebenenfalls sind Landwirte dafür zu entschädigen, daß sie sich dieser Landsorten annehmen.

5. Angesichts der für ein solches Programm nötigen Gelder empfehlen wir, daß mit Hilfe des IBPGR internationale Vereinbarungen zur Finanzierung eines Sofortprogramms mit einem jährlichen Budget von 100 Millionen Dollar zur Sammlung genetischen Materials, seiner Konservierung in nationalen Genbanken, der Schaffung nationaler und internationaler botanischer Schutzgebiete und zur Ausbildung des benötigten Personals getroffen werden.

B – Gesetzliche Regelungen im internationalen Bereich

1. Wir empfehlen, daß die Vereinten Nationen – mit Hilfe ihrer Unterorganisationen wie dem UNDP, der FAO und der World Intellectual Property Organization (WIPO) – geeignete Schritte unternehmen, damit Pflanzen als gemeinsames Erbe aller Völker betrachtet und deshalb allen Formen der ausschließlichen Kontrolle wie Patenten, Markenzeichen usw. entzogen werden, d. h. daß der Zugang zu pflanzlichem Material den Rang eines Menschenrechts erhält.
2. Wir empfehlen, daß die Vereinten Nationen eine gründliche Analyse der UPOV vornehmen und ihren Mitgliedern vom Beitritt abraten, solange eine solche Analyse mit ihren Schlußfolgerungen nicht der Öffentlichkeit zugänglich ist. Das UN-System sollte seine Beziehungen zum ICD überprüfen und seine Unterstützung für das CSIDP einstellen. Es erscheint fraglich, ob die Unterstützung geschäftlicher Interessen zu den Aufgaben der Vereinten Nationen gehört. Die Wirtschaft hat sicher eine Rolle im Entwicklungsprozeß zu spielen, aber der gegenwärtige Stand der Entwicklung und Gesetzgebung auf dem Saatgutsektor der Dritten Welt setzt die Bauern und ihre Regierungen zu leicht der Ausbeutung aus.
3. Wir empfehlen, daß der «Verhaltenskodex für multinationale Konzerne» um eine Bestimmung erweitert wird, die der Saatgutbranche den Status eines Bereichs von vitaler Bedeutung für die nationale Sicherheit zuspricht, weshalb sie als Tätigkeitsbereich der internationalen Firmen nicht geeignet ist.
4. Wir empfehlen, daß der «Verhaltenskodex für den Technologietransfer» um Bestimmungen erweitert wird, die das Recht der Nationen auf den Schutz ihres botanischen Erbes vor kommerzieller Ausbeutung garantieren.

C – Maßnahmen im internationalen Bereich

1. Wir empfehlen, daß die Saatgutproblematik in die Tagesordnung künftiger UN-Konferenzen über den Welthandel, landwirtschaftliche Entwicklung und den internationalen wissenschaftlichen und technologischen Austausch aufgenommen wird.
2. Wir empfehlen, daß die Vereinten Nationen die Saatgutproblematik in ihrem «Aktionsprogramm für die dritte Entwicklungsdekade» berücksichtigen und ein Jahr des laufenden Jahrzehnts – als Auftakt einer internationalen Konservierungskampagne – zum *Internationalen Saatgutjahr* erklärt wird.
3. Wir empfehlen, daß das UN Centre on Transnational Corporations eine Sonderstudie über die internationale Saatgutindustrie mit besonderer Berücksichtigung ihrer Verflechtung mit der Pharma- und agrochemischen Industrie und ihrer Einflußnahme auf den Sortenschutz und die Kontrolle über die genetischen Ressourcen erstellt.

D – Maßnahmen der Dritten Welt

1. Wir empfehlen, daß die Länder der Dritten Welt den Umfang, die Bedeutung und den Wert ihrer einheimischen genetischen Ressourcen erkennen, sich um geeignete Schutzmaßnahmen bemühen und die nationalen Züchtungsprogramme stärken, damit ihre Souveränität in diesem lebenswichtigen Bereich gesichert wird.
2. Wir empfehlen, daß sich die Regierungen der Dritten Welt energisch für ein internationales Kooperationsprogramm zur Sammlung und Konservierung der wertvollen genetischen Ressourcen der Erde einsetzen.
3. Wir empfehlen, daß die Regierungen der Dritten Welt die zunehmende Verbreitung des gesetzlichen Sortenschutzes in den industrialisierten Ländern genau beobachten, um rechtzeitige Gegenmaßnahmen gegen die Gefahren dieses Trends für die eigenen Konservierungs- und Züchtungsprogramme treffen zu können.
4. Wir empfehlen zur Sicherung der pflanzlichen Ressourcen und der Nahrungsversorgung zukünftiger Generationen, daß die Dritte Welt sich ihrer Bedeutung für die langfristige globale Nahrungsversorgung bewußt wird und ihren Einfluß zur Förderung der internationalen Zusammenarbeit im Rahmen von Konservierungsprogrammen geltend macht.

E – Die Rolle von Aktionsgruppen und Entwicklungshilfe-Organisationen

1. Wir empfehlen, daß Aktionsgruppen und Entwicklungshilfe-Organisationen ihre Möglichkeiten zur Unterstützung von Sammlungs-, Lagerungs- und Ausbildungsprogrammen in der Dritten Welt überprüfen. Obwohl die Zusammenarbeit mit den zuständigen Behörden und betroffenen Regierungen wichtig ist, verlangen wir spezielle Programme zur Unterstützung der kollektiven Selbsthilfe der Subsistenz- und Kleinbauern, deren kontinuierliches Engagement für die Erhaltung traditioneller Sorten und damit für die Rettung des bedrohten genetischen Materials von entscheidender Bedeutung ist.
2. Wir empfehlen, daß sich die nichtstaatlichen Gruppen näher mit den öffentlichen Züchtungseinrichtungen und der gesetzlichen Lage in ihren Ländern befassen, um sicherzustellen, daß die Züchtungsprogramme des öffentlichen Sektors die langfristige Sicherung der Nahrungsversorgung in ihren Programmen gebührend berücksichtigen. Weiterhin ist es wichtig, sich mit den Aktivitäten von Organisationen zu befassen, die die internationale Entwicklung beeinflussen und so auch auf die Gefährdung der genetischen Ressourcen einwirken zu können. Wir unterstützen die Initiative von Oxfam (Großbritannien) zur Sicherung des Genmaterials bei Gemüse sowie die Bemühungen des Canadian Council for International Cooperation zur Abwehr der Sortenschutzgesetze in Kanada.

F – Individuelle Möglichkeiten

1. Jeder kann die Konservierungsprogramme und den Widerstand gegen die Sortenschutzgesetze individuell durch Mitgliedschaft in den entsprechenden Organisationen unterstutzen.
2. Sie können zur genetischen Bestandserhaltung dadurch beitragen, daß Sie Ihren Garten oder Ihre Äcker mit alten Landsorten bestellen und eigenes Saatgut erzeugen. Sie können überdies Ihr Saatgut mit anderen austauschen und auf einem Teil ihres Bodens traditionelle und bedrohte Sorten anbauen.

Probleme der Saatzucht – aus deutscher Sicht

Interview von Rüdiger Stegemann mit Dr. W. Oltmann (Kleinwanzlebener Saatzucht AG, Einbeck, am 8. Januar 1981

Man spricht heute von einem Rückgang der genetischen Vielfalt. Das Stichwort «genetische Erosion» ist in der Diskussion. Teilen Sie die Einschätzung, daß die natürliche genetische Vielfalt bedroht ist?

Oltmann: Auf dem Wege der Evolution und von der natürlichen Selektion bis zur bewußten Züchtung – Wildform, Primitivform, Landsorte, Hochzuchtsorte – ist sicher ein großer Verlust an Genmaterial eingetreten. Die Frage ist, ob man diesen Verlust nur negativ sehen muß. Es gibt eine ganze Menge von Genen, Genkombinationen – d. h. von genetisch bedingten Eigenschaften –, die nicht besonders wertvoll sind. Es ist aber nicht zu leugnen, daß ein ganzer Teil auch von wertvollem Genmaterial auf diesem Wege verlorengegangen ist.

Was trägt heutzutage zu diesem Rückgang der Vielfalt bei?

Oltmann: Wenn man bewußte Züchtung betreibt, muß man einen Teil des Genmaterials, das in den Landsorten vorhanden ist, aufgeben. In Entwicklungsländern existieren zum großen Teil heute noch Landsorten. Mit dem Beginn von Züchtungsarbeiten oder der Einführung von Zuchtsorten geht natürlich ein Teil des vorhandenen Genmaterials verloren, weil Landsorten nicht mehr angebaut werden und in Vergessenheit geraten, wenn man nicht etwas dagegen tut. Das «Dagegentun» passiert in Genbanken. Die Idee der Genbanken ist nicht ganz neu: 1961 ist die erste Initiative der FAO erfolgt. Das entscheidende Jahr war 1972, als sich FAO, Weltbank und die UNO zusammengetan haben, um diese Dinge zu finanzieren.

Danach sind dann die ersten Genbanken entstanden. Es existieren heute 13 Institutionen im engeren Sinne als Genbanken, die sich ausschließlich als solche sehen. Es gibt weiterhin 41 Institutionen, in denen weltweit Genmaterial eingelagert wird, und 9 sind noch im Aufbau, so daß insgesamt zwischen 800 000 und 1 000 000 Proben bei den verschiedenen Kulturpflanzen erfaßt werden konnten.

Sind die Dokumentationssysteme so weit ausgereift und ausreichend, daß man voneinander weiß?

Oltmann: Ja, das System beginnt ausreichend qualifiziert zu arbeiten. Der Austausch zwischen den einzelnen Genbanken ist vorhanden. Es gibt einige international arbeitende Institutionen, bei denen das System hervorragend funktioniert. Es gibt aber nationale Genbanken, bei denen eine gewisse Zurückhaltung vorhanden ist. Man hat in den letzten Jahren sehr viel getan, um die internationale Zusammenarbeit zu verbessern. Die Dokumentation ist heute weitgehend in Ordnung. Dagegen ist die Evaluierung dieses Materials, d. h. zunächst einmal die Erfassung der Eigenschaften der eingelagerten Sorten, noch viel zu wenig ausgebaut. Es ist außerordentlich schwierig und erfordert einen großen finanziellen Aufwand, eine solche Evaluierung durchzuführen. Vielleicht ist es zunächst auch wichtiger, möglichst viel einzulagern und zu wissen, hier kann nichts mehr verlorengehen. Um größere Verluste zu vermeiden, sind diese Genbanken zum Teil dort eingerichtet, wo die Genzentren sind. Das heißt z. B. für Kartoffeln und Mais in Mittel- und Südamerika, für Getreide in Vorderasien, usw. Das Material, das in Fülle in den Genzentren vorhanden ist, wird so genügend erfaßt.

Wenn man von der Zahl der Proben ausgeht, ist ein Großteil in Industrie-Nationen eingelagert. Nimmt man die internationalen Agrarinstitute hinzu, in denen die Industrienationen ein entscheidendes Wort mitreden, nicht zuletzt von den Finanzen her, kommt man auf 90 %. Die wirklich den Entwicklungsländern gehörenden Genbanken machen dann unter zehn Prozent aus. Halten Sie das für problematisch?

Oltmann: Eigentlich nicht, denn die sogenannten Industrieländer haben doch den Willen, wenn sie dieses Material eingelagert haben, es auch auszutauschen. Daß das meiste Genmaterial in den Industrieländern eingelagert ist, liegt ja wohl in erster Linie an der Finanzierung. Auf der anderen Seite liegt ein echtes Interesse an der Sammlung vor, da die meisten Industrieländer genarme Gebiete sind. Insbesondere denke ich an die USA; aber auch bei uns in Nordwesteuropa sind keine Genzentren vorhanden.

Ab und zu besteht die Notwendigkeit des Rückgriffs auf alte Landsorten. Sind derartige Rückgriffsmöglichkeiten in Gefahr, wenn man an die Verengung und Erosion beim genetischen Material denkt?

Oltmann: Solange Genmaterial nur gelagert und registriert wird, ist es für Züchter nicht besonders interessant, darauf zurückzugreifen. Das wäre anders, wenn das Material richtig evaluiert und die Eigenschaften bekannt wären. Bisher hat eigentlich auch das vorhandene Material ausgereicht. Jeder Betrieb hat eine eigene kleine «Arbeitsgenbank», in der sich z. B. seine Kreuzungseltern für die Entwicklung neuer Sorten befinden. Insbesondere an Resistenzeigenschaften ist im Laufe der Jahre soviel im Zuchtmaterial eingelagert, daß es normalerweise ausreicht, um damit zu arbeiten. Ich könnte mir vorstellen, daß man einen stärkeren Rückgriff auf Genbanken vornehmen würde, wenn man an Low-Input-Sorten denkt, die für die Zukunft evtl. im Zuge unserer angespannten Energielage doch wichtig werden könnten.

Unsere heutigen hochgezüchteten Sorten benötigen z. B. einen hohen Aufwand an Dünger, zumindest nehmen wir an, daß es so ist. Deswegen ist es sehr zu begrüßen, daß das Bundessortenamt sich bereiterklärt hat, in Zukunft auch unter differenzierten Verhältnissen zu prüfen, damit wir unsere Sorten in dieser Hinsicht etwas besser kennenlernen. Wir haben ja bisher immer nur unter den derzeit in der Landwirtschaft üblichen Verhältnissen angebaut. Wir wissen also wenig, wie sie reagieren, wenn man ihnen z. B. weniger Dünger gibt.

Bislang sind solche Prüfungen aber kostenaufwendiger. Die Bereitschaft ist also untergeordnet?

Oltmann: Wenn man z. B. solche Low-Input-Sorten züchtet, dann muß man ja als privater Züchter auch einen Abnehmerkreis haben. Und einen Abnehmerkreis für dieses Saatgut sehen wir im Augenblick nicht – es sei denn, den kleinen Kreis der alternativ wirtschaftenden Landwirte, die solches Saatgut benutzen könnten. Aber davon kann ein Züchter mit Sicherheit nicht leben. Was nicht heißen soll, daß er sich nicht damit beschäftigt.

In der Bundesrepublik gibt es eine Arbeitsteilung zwischen Grundlagenforschung und Sortenzüchtung. Ist sie, so wie sie ist, sinnvoll?

Oltmann: Grundsätzlich sollte die Grundlagenforschung dem Staat überlassen sein und die praktische Züchtung der privaten Wirtschaft. Es gibt natürlich Übergänge, wo sich beide berühren. Ich meine, daß die Verhältnisse in der Bundesrepublik ziemlich ideal sind.

Die Bundesrepublik Deutschland hat in den letzten Jahren ein Konzept für die Züchtungsforschung bei Nutz- und Kulturpflanzen erstellt. Bei der Gestaltung sind auch die Züchter beteiligt worden, so daß hier eine konstruktive Zusammenarbeit gegeben ist. In diesem Konzept wird sehr deutlich zum Ausdruck gebracht, daß die praktische Züchtung den privaten Zuchtbetrieben überlassen sein, die Grundlagenforschung dagegen im öffentlichen Bereich gemacht werden sollte.

Oltmann: Für Grundlagenforschungen stehen zur Verfügung: Die Forschungsanstalt für Landwirtschaft in Braunschweig-Völkenrode, in der auch die Genbank verankert ist; die Biologische Bundesanstalt, das Max-Planck-Institut für Züchtungsforschung in Köln-Vogelsang; die Universitätsinstitute, die sich mit diesen Fachgebieten befassen; und die Landesanstalten, die es in Bayern und Baden-Württemberg gibt. Es ist ein Themenkatalog erstellt worden über das, was vorrangig bearbeitet werden sollte. Als Themen sind genannt: Genbank und Evaluierung des Materials in der Genbank; die Qualität der Zuchtprodukte; die Heterosis und daraus resultierende Zuchtmethoden; Methodenforschung und die Resistenzforschung.

Wo liegt denn der Trennungspunkt zwischen Grundlagenforschung und Sortenzüchtung?

Oltmann: Es gibt genügend Abgrenzungspunkte, es gibt aber auch fließende Übergänge. Die Grundlagenforschung, die sehr langfristig ausgerichtet ist, ist Sache des Max-Planck-Institutes für Züchtungsforschung in Köln-Vogelsang. Die mehr in den Landesanstalten betrieben. Zur Problemlösung sind Zeiträume von etwa zehn Jahren vorgesehen.

Das wäre noch im Grundlagenbereich. Wo würde man nun die Sortenzüchtung von der Grundlagenforschung abgrenzen?

Oltmann: Der direkte Übergang von Grundlagenforschung zur praktischen Züchtung ist durch die GFP gegeben. GFP heißt «Gemeinschaft zur Förderung der privaten deutschen landwirtschaftlichen Pflanzenzüchtung», wo Bund und Züchter zusammen bestimmte Forschungsprojekte an Institute vergeben, um akute Fragen zu lösen. Der Zeitraum ist dabei auf 3 bis 5 Jahre limitiert.

Tragen Bund und Züchter die finanziellen Aufwendungen gemeinsam?

Oltmann: Ja, der Bund trägt natürlich die größere finanzielle Last, aber es ist durchaus eine nennenswerte Eigenbeteiligung der Züchter vorhanden. Die Ergebnisse aus diesen Forschungsvorhaben werden publiziert.

Inwieweit besteht denn die Gefahr, daß ein Universitätsinstitut auf Grund persönlicher Querverbindungen die Vorarbeiten macht für eine verwertbare Züchtung, also einer ganz bestimmten Firma oder einem Züchtungsbereich zuarbeitet? Anders gefragt: daß mit öffentlichen Mitteln etwas getragen wird, was privatwirtschaftlichen Interessen dient?

Oltmann: Ich kenne kein Beispiel, wo etwas in dieser Richtung gelaufen wäre. Ich glaube auch nicht, daß an einem Universitätsinstitut so etwas möglich wäre, da ja an solchen Dingen nicht nur einer, sondern viele arbeiten.

Wodurch wird verhindert, daß so etwas passiert?

Oltmann: Dadurch, daß die vom Staat getragenen Institute den Auftrag haben, in aller Öffentlichkeit zu arbeiten. Sie sind auch selber daran interessiert, möglichst viele Publikationen herauszubringen. Und zum anderen würde es dem Auftrag des Instituts oder des Institutsleiters nicht entsprechen, sich einseitig zu binden. Wenn in einigen Fällen einmal fertige Sorten gezüchtet werden, können diese über Verwertungsgesellschaften seitens der privaten Pflanzenzüchtung gegen Zahlung von Lizenzen genutzt werden.

Anders liegen die Dinge wohl in Ländern wie Frankreich und England, gegen die wir ja auch konkurrieren müssen, da das Saatgutgeschäft kein nationales Geschäft mehr ist, sondern ein internationales. Dort ist die Staatszüchtung mit riesigem Aufwand gefördert worden. Im INRA in Frankreich und im PBI in Cambridge wird Grundlagenforschung und praktische Züchtung bei fast allen Kulturarten betrieben. Eine Idee der GFP war, hier ein Gegengewicht zu haben gegen die Staatszüchtung im allgemeinen, und um den Züchtern die Erarbeitung grundlegender Dinge zu erleichtern. Von dieser Gemeinschaftsarbeit sollte nicht ein Einzelner profitieren, sondern die Mehrzahl der Züchter, die sich mit dieser speziellen Kulturart befassen.

Die GFP ist – wenn man sie mit INRA und PBI vergleicht – finanziell sehr schwach ausgestattet. Hier wäre sicherlich noch einiges zu tun, um gerade die angewandte Forschung zu verbessern.

Das wäre ein klarer Appell an den Staat?

Oltmann: So ist es!

Nun zum Verhältnis von Saatzucht und Agrarchemie: Inwieweit sind neu auf den Markt kommende Sorten abhängig von Düngemitteln und Schädlingsbekämpfungsmitteln? Kann Resistenzzüchtung die gleichen Erfolge erzielen wie Entwicklung und Anwendung von Pflanzenschutzmitteln?

Oltmann: Wenn man sich das Verhältnis von Pflanzenzüchtung und Agrarchemie anschaut, muß man zunächst einmal sagen, daß die Landwirtschaft sich der chemischen Mittel bediente, um eine Ertragssteigerung und vor allen Dingen eine Ertragssicherung zu erzielen. Zum Teil kann man durch diese Mittel auch eine Qualitätsverbesserung herbeiführen – sei es eine äußere, sei es eine innere Qualitätsverbesserung. Zur äußeren Qualitätsverbesserung zähle ich z. B. die Größe und Farbe von Äpfeln. Jeder weiß, daß normalerweise nur große, gut ausgefärbte Äpfel abzusetzen sind, auch wenn sie teurer sind, während die kleinen, die oft sogar besser schmecken, sich schlecht verkaufen lassen. Das ist leider ein Trend, den man nur schwer abstoppen kann. Ein Beispiel für Hebung der inneren Qualität ist die Verbesserung des Proteingehalts z. B. beim Weizen. Die Mühlenindustrie bewertet Brotgetreide nach der Höhe des Proteingehaltes im Korn. Hier lag eine Möglichkeit für die praktische Landwirtschaft, durch eine späte, zusätzliche Stickstoffgabe diesen Anteil zu erhöhen und damit auch bessere Preise zu erzielen.

Die stetig wachsende Weltbevölkerung macht eine Ertragssteigerung und -sicherung erforderlich. Das geht nur durch Maßnahmen, die die Ertragsfähigkeit generell – nicht nur speziell durch die Sorten – erhöhen. Dies ist nicht ohne höhere Nährstoffzufuhr für die Pflanzen möglich. Ob wir allerdings das richtige Maß bereits überschritten haben – sei es, weil der Erfolg so sichtbar war und die Mittel zur Verfügung standen, oder weil es bisher nicht übermäßig teuer war –, das ist eine andere Frage. Ich glaube, daß wir hier alle aufgerufen sind zu versuchen, durch eine gut durchdachte Anwendungstechnik mit geringstem Aufwand den größtmöglichen Effekt zu erzielen.

Versucht die Züchtung, dazu einen eigenen Beitrag zu leisten?

Oltmann: Die Züchtung beobachtet diese Dinge sehr genau. Deswegen machen die meisten Betriebe auch vergleichende Versuche mit unterschiedlichen Düngergaben und unterschiedlichen Gaben von Krankheits- und Unkrautbekämpfungsmitteln. In der Regel stellt man fest, daß bei sinnvoller Anwendung ein geringes Maß in etwa die gleiche Wirkung haben kann. Als Beispiel sei das Halmverkürzungsmittel Cycocel genannt: im Laufe der Jahre hat man festgestellt, daß sortenspezifisch angepaßte Aufwandmengen den besten Effekt haben. Hier ist sicher manches einzusparen, und die chemische Industrie ist auch daran interessiert, vernünftige Maßstäbe anzulegen, um nicht zu stark in die Kritik der Öffentlichkeit zu kommen.

Sehen Sie in der «Beratung» durch diese Firmen schon Anzeichen für ein Umdenken?

Oltmann: Ja, je länger und intensiver man sich mit der Anwendung solcher Mittel beschäftigt, um so besser wird die Erfahrung, damit sinnvoll umzugehen. Die Industrieberatung – wozu auch letztlich unsere Beratung auf dem Saatgutsektor gehört – hat in den letzten Jahren gegenüber der Offizialberatung an Bedeutung zugenommen. Man muß aber ganz klar sehen, daß diese Spezialberatung durch die Industrie nur dann akzeptiert wird und Erfolg hat, wenn sie vernünftig betrieben wird. Unsere Landwirte sind heute so gut informiert, daß nicht- objektive Informationen sehr schnell auf Ablehnung stoßen.

Und dabei beobachten Sie Veränderungen derart, daß man nicht mehr vor allem den eigenen Umsatz sieht?

Oltmann: Die Konkurrenz der agrochemischen Firmen untereinander ist groß und die verschiedenen Bereiche der Industrieberatung greifen häufig ineinander, deshalb ist Objektivität geboten. Dazu ein Beispiel: Die Stickstoffdüngung bei Zuckerrüben ist immer ein Diskussionspunkt gewesen. Es ist schwer, für alle Gebiete der Bundesrepublik und für die entsprechenden Bestandsdichten das «richtige» Maß zu finden. Da unterhalten wir uns dann mit der Düngerindustrie und versuchen auf diese Weise, ein gemeinsames Konzept zu entwickeln, und das gelingt auch in der Regel.

In der Bundesrepublik gibt es also keine grundsätzlichen Schwierigkeiten in der Kooperation zwischen der Agrarchemie und der Pflanzenzüchtung?

Oltmann: Nein, es gibt m. E. keine grundsätzlichen Meinungsunterschiede.

Womit erklären Sie denn, daß die nicht gerade kleinen deutschen Chemiefirmen sich aus der Pflanzenzüchtung heraushalten? Und warum steigen andere ein?

Oltmann: Ich weiß natürlich nicht, welche Überlegungen bei der Agrarchemie international dazu geführt haben, sich in diesem Maße gerade mit der Pflanzenzüchtung zu beschäftigen, wie das beispielsweise im Augenblick in den USA der Fall ist. Ich könnte mir vorstellen, daß ein Grund für die Zurückhaltung der deutschen Agrarchemie in der Struktur der deutschen Pflanzenzüchtung liegt. Es gäbe wohl nur wenige Betriebe, die für diese Firmen interessant wären. Da müßten schon andere Größenordnungen vorliegen als bei unserer mittelständischen deutschen Pflanzenzüchtung. Vielleicht spielt auch die Erkenntnis eine Rolle, daß man ja nicht spezifisch für ein bestimmtes Pflanzenschutzmittel züchten kann. Wenn man an die Verbindung Pflanzenzüchtung – Chemie denkt, meint man, daß die Chemie ein Paket verkaufen möchte: Sorte, Düngung, Pflanzenbehandlungsmittel und was sonst noch dazu gehört. Eine Züchtung für ein solches «Paket» zu betreiben, stelle ich mir jedoch außerordentlich schwierig vor, da infolge der verschiedensten genetischen Kombinationsmöglichkeiten eine Voraussage bei den Sorten schwer zu machen ist. In der Regel sind auch mehrere Mittel mit der gleichen Wirkungsweise im Handel. Die verschiedenen agrochemischen Firmen sind ja untereinander Konkurrenten.

In der BRD haben wir ein kleines Auftreten von zwei großen Chemiekonzernen – einmal Petro-, einmal Pharmachemie –, die sich in der Pflanzenzüchtung engagieren: Nickerson-Pflanzenzucht, die zu SHELL gehört, und CIBA-GEIGY. Sehen Sie darin für die Bundesrepublik einen Trend oder eine Tendenz, daß die Tür weiter geöffnet wird, oder sehen Sie in dem gegenwärtigen Status eine stabile Situation, die so gehalten werden kann? Diese beiden sind Mitglied im «Bundesverband Deutscher Pflanzenzüchter» geworden: ist der Verband nun dadurch etwas Neues geworden, daß die «chemiefreie» Züchtung nicht mehr unter sich ist, sondern daß da jetzt auch andere Interessen hineinwirken?

Oltmann: Die deutschen Pflanzenzüchter sehen in ihnen eine ganz normale internationale Konkurrenz, zumal die von diesen Firmen vertretenen Sorten noch nicht Ergebnis ihrer eigenen Anstrengungen sind, sondern aus den aufgekauften Saatzuchtbetrieben stammen. Es sollte jedoch nicht verkannt werden, daß bei der Kapitalkraft und den vorhandenen Forschungs- und Laborkapazitäten höchste Aufmerksamkeit geboten ist.

Ich meine jedoch, daß die Gefahr einer Marktbeherrschung bei der Struktur der deutschen Pflanzenzüchtung nicht so groß ist. Die Vielseitigkeit bei uns ist gegeben; und ich nehme an, daß die für die Züchtungsforschung Verantwortlichen hinsichtlich des Einsatzes der finanziellen Mittel auch diese Entwicklung sehen und berücksichtigen, und daß die staatlichen Forschungserfolge im Grundlagen- und Methodenbereich zunächst deutschen Firmen zugute kommen. Natürlich ist auf Dauer nicht zu vermeiden, daß alle daran partizipieren, wie umgekehrt auch wir aus den Erfolgen anderer Nutzen ziehen können. Es lassen sich Neuentwicklungen nicht auf Dauer geheimhalten. Welche Rolle man diesen Firmen zumessen muß, hängt auch mit davon ab, wie stark wir von der heute als konventionell bezeichneten Züchtung abgehen werden oder müssen und zu einer Art «Laborzüchtung» kommen, das heißt zum Beispiel zum Einsatz von Zellkulturen und von Gen-Engineering oder ähnlichen Entwicklungen. Ich persönlich glaube, daß sie kurzfristig gesehen noch keine entscheidende Rolle spielen werden. Aber wir haben schon öfter erlebt, daß bestimmte Forschungsergebnisse sehr schnell andere Entwicklungen nach sich ziehen, so daß es zeitlich sehr schwer abzuschätzen ist, wann diese Dinge in der praktischen Pflanzenzüchtung eingesetzt werden können.

Direkte Auswirkungen auf den Bundesverband Deutscher Pflanzenzüchter oder auf seine Mitglieder sehe ich z. Zt. nicht.

Sehen Sie da einen Zusammenhang mit den Kosten der Forschung? Die normale Züchtung ist eher eine langfristige Investition, während Laborforschung und -züchtung kurzfristig mehr Kapital erfordert. Und das kurzfristige Aufbringen des notwendigen Kapitals fällt sicher Konzernen wie den genannten leichter – zumal sich unter Umständen agrarchemische Forschungsaufwendungen in der Pflanzenzucht noch einmal nutzen lassen.

Oltmann: Die Kapitalintensität und die vorhandene Forschungskapazität werden sicher eine Rolle spielen. Ich darf hier aber nochmals betonen, daß die privaten Züchter nicht alles allein machen können, sondern daß wir darauf angewiesen sind, daß unsere öffentliche Grundlagenforschung Erfolge erzielt. D. h. daß genügend Mittel eingesetzt werden, damit wir auch gegen solche Firmen und die staatliche Züchtung anderer Länder konkurrenzfähig bleiben.

Noch einmal als grundsätzliche Frage: Wie interpretieren Sie als Züchter, daß die agrochemischen Konzerne (und andere) in die Saatgutzüchtung gehen?

Oltmann: Eigentlich gibt es für mich keine generelle Erklärung. Die Umsätze in der Saatgutbranche werden im Vergleich zu dem, was die Industrie auf dem Agrarchemiesektor umsetzt, immer klein sein. Es wäre denkbar, daß man meint, die Resistenzzüchtung könne in der Zukunft eine noch größere Rolle spielen, und daß man hier mitspielen möchte. Ich bin aber nicht sicher, ob die chemische Industrie sich wirklich speziell um den Sektor «Pflanzenzüchtung» kümmert oder ob sie sich u. a. «auch» damit befaßt, weil die Welt-Nahrungsproduktion offensichtlich zu einem an Bedeutung zunehmenden Faktor wird.

Eine weitere Dimension des Engagements von Konzernen ist die Werbung gegenüber dem Verbraucher, gegenüber dem Landwirt.

Oltmann: Hinsichtlich des Saatgutes gibt es da gewisse Einschränkungen. Jeder Züchter wird sein Produkt so anpreisen, daß es im Auge des Verbrauchers möglichst günstig dasteht. Das ist natürlich, das ist auch auf jedem anderen Sektor so. Aber in einem unterscheidet sich die Pflanzenzüchtung ganz wesentlich von anderen Branchen. Die Werbung in der Pflanzenzüchtung hat eine nur sehr begrenzte Wirkung. In der Bundesrepublik werden bei allen wichtigen Kulturarten «Landessortenversuche» angestellt durch zentrale, unabhängige Institutionen. Die publizierten Ergebnisse dieser über die Bundesrepublik gestreuten Sortenversuche sind in starkem Maße ausschlaggebend für den Umsatz der Sorten. (Dadurch kommt allerdings auch der Nachteil der starken Konzentration auf nur wenige Sorten in bestimmten Anbaugebieten zustande, die ich nicht für gut halte.) Die Werbung, und sei sie noch so groß aufgezogen, hat immer nur einen teilweisen und zeitlich sehr begrenzten Effekt. Insgesamt gesehen wird der Umsatz an Saatgut gesteuert zu vielleicht 80 % durch die Ergebnisse der Sortenversuche und nur zu 20 % durch die Werbeaktivität des Züchters.

Wir haben in der BRD ein ausgeprägtes Sortenschutzrecht. Wie greift dieses Recht in den Saatgutsektor ein? Besteht ein Zusammenhang mit dem Rückgang der Sortenvielfalt?

Oltmann: Wir haben in der Bundesrepublik auf dem Sorten- bzw. Saatgutsektor zwei Gesetze: Das Sortenschutzgesetz ist eindeutig zum Schutze der Züchter da, zum Schutz der Zuchtprodukte. Das Saatgutverkehrsgesetz ist eindeutig zum Schutz der Verbraucher, der Landwirte da. Diese Dinge werden manchmal nicht auseinandergehalten. Sorten schützen zu lassen, setzt Erfüllung der Forderungen des Gesetzes voraus: Neuheit, Homogenität und Beständigkeit; nicht aber den «landeskulturellen Wert». Der landeskulturelle Wert wird zusätzlich gefordert, wenn man eine Sorte in die Sortenliste bringen will. Die Sortenliste bewirkt wiederum, daß die Sorte verkehrsfähig wird, also verkauft werden kann, nach den im Saatgutverkehrsgesetz festgelegten Bedingungen. Allein für den Sortenschutz braucht man den landeskulturellen Wert nicht.

Die Konzentration auf weniger Sorten und ein eventueller Genverlust hat also eigentlich weniger mit dem Sortenschutz zu tun als mit der Sortenliste und mit dem Anbau, der aus der Eintragung in die Sortenliste resultiert. Die Gefahr liegt in der Monokultur von Sorten, im Anbau von wenigen Sorten; wenn beispielsweise beim Winterweizen von 45 oder 46 eingetragenen Sorten nur vier bis sechs angebaut werden. Das ist eine Frage der Beratung der Landwirtschaft! Hier ist ein gewisses Umdenken nötig, damit die Beratung regional nicht nur einzelne Sorten propagiert, sondern mindestens zwei oder drei, oder noch besser vier bis fünf Sorten gleichwertig nebeneinanderstellt. Die Unterschiede in der Bewertung sind ja oft nur sehr gering! Eine größere Sortenvielfalt im Anbau würde bewirken, daß z. B. ein Krankheitsbefall sich nicht so stark ausdehnen kann.

Natürlich ist nicht zu vermeiden, daß man auch durch den Sortenschutz allein eine Einengung des Materials bekommt. Aber so lange sich eine Sorte von der anderen in einem Merkmal unterscheidet, kann sie den Sortenschutz erhalten. Ich meine damit, daß der Sortenschutz auch positive Wirkungen haben kann: Die Sortenliste allein würde eine viel stärkere Einschränkung der Sortenzahl bedeuten. In der Bundesrepublik haben an landwirtschaftlichen Arten (ich lasse bewußt Gemüse,

Blumen und ähnliches heraus) z. B. 968 Sorten den Sortenschutz. Dort, wo Staatszüchtung betrieben wird, etwa in der DDR, sind es nur 147 Sorten.

Inwieweit bevorzugt das Sortenrecht eine einseitige Ertragsorientierung bei Anwendung einer bestimmten Anbauweise?

Oltmann: Die offiziellen Prüfungsmethoden des Bundessortenamtes sind an den jeweils in der Praxis üblichen Methoden orientiert. Hier ist bereits eine gewisse Einsicht durch die Diskussion in der letzten Zeit erfolgt: Das Bundessortenamt hat zugesagt, daß eine Erweiterung des Prüfungssystems, soweit finanziell möglich, erfolgen soll. Es wäre denkbar, daß unter den heute vorhandenen Sorten auch einige sind, die bei weniger intensiven Verhältnissen bessere Erträge bringen als andere, die im Anbau sehr stark verbreitet sind. Wir wissen das aber nicht, man kann das nur vermuten. Deswegen müßte man es prüfen.

Kann man von der heutigen Prüfungspraxis – trotz einer gewissen Bereitschaft – sagen, daß sie sich noch gegen die nicht-konventionellen Kriterien richtet?

Oltmann: Ja, mit Einschränkungen. Es kommt hinzu, daß die Verbreitung der Sorten ja nicht allein durch die Prüfungen des Bundessortenamtes beeinflußt wird, sondern im wesentlichen durch die Landessortenversuche. Diese Prüfungen müßten mit einbezogen werden, um auch von dort Kriterien zu bekommen, auf die man bisher keinen Wert gelegt hat.

Unser Sortenschutzrecht ist eine mögliche rechtliche Regelung. Gibt es andere denkbare Regelungen?

Oltmann: Ja. Ich sehe allerdings nur eine wirkliche Alternative zum Sortenschutz: Das wäre die Staatszüchtung. Beispiele für eine positive Wirkung des Sortenschutzrechtes gibt es: Die USA, die erst Anfang der siebziger Jahre den Sortenschutz eingeführt haben; danach war bei Selbstbefruchtern eine enorme Stimulanz bei der Sortenzüchtung zu verzeichnen. Das gleiche gilt für England. Frankreich hat immer eine Mischzüchtung gehabt, d. h. die privaten Züchter haben es verstanden, die staatlichen Zuchtprodukte ganz legal für sich zu nutzen. Auch in den Ostblockstaaten wird meist kein Sortenschutz gewährt, dafür aber Staatszüchtung betrieben.

Gibt es einen Zusammenhang zwischen Sortenschutzrecht und der Konzentration in der Saatgutbranche?

Oltmann: Ich sehe schon einen Zusammenhang. Aber keinen negativen, sondern einen positiven Zusammenhang in dem Sinne, daß der Sortenschutz kleine und mittelständische Pflanzenzüchter schützt, mehr schützt als große Firmen. Ein Großbetrieb wäre mit Sicherheit in der Lage, die wirtschaftliche Nutzung seiner Zuchtprodukte durchzusetzen, was der kleine Züchter in der Regel nicht so kann.

Welche Bedeutung hat die Einführung unserer Art von Sortenschutzrecht in Entwicklungsländern, die über keinen eigenen ausgebauten Saatgutsektor verfügen? Offensichtlich gibt es heute Bemühungen, entsprechende Gesetzgebungen möglichst schnell in der Dritten Welt zu verankern. Wie beurteilen Sie das?

Oltmann: Im Zuge der Durchsetzung der Sortenschutzrechte sind international, ausgehend von der Pariser Konvention, zunächst die entwickelten Länder angesprochen. Daß dabei dann die Bemühungen auch auf nicht entwickelte Länder übergreifen, ist verständlich, da diese von sich aus sehr begierig sind, Dinge, die in Industrieländern praktiziert werden, auch bei sich einzuführen. Die Einführung des Sortenschutzes kann – wie auch in unseren Ländern – eine große Stimulanz sein für eine eigenständige Pflanzenzüchtung – sei es nun zunächst mit Hilfe von außen, von uns, oder sei es in eigenen Bemühungen. Daher befürworte ich die Einführung des Sortenschutzes, wenn die Voraussetzungen gegeben sind, daß man mit ihm arbeiten kann.

Damit meinen Sie jetzt verwaltungsmäßig ...?

Oltmann: Die Verwaltung, der allgemeine Stand der Landwirtschaft, die pflanzenbauliche Entwicklung in diesen Ländern müssen soweit sein, daß die Landwirte auch wirklich Saatgut kaufen wollen und können, und daß sie tatsächlich ein gewisses Sortenbewußtsein entwickeln.

Wie kann man vermeiden, wenn in einem Land noch keine inländische Branche vorhanden ist, daß Sortenschutzrechte von Ausländern genutzt und festgehalten werden? Liegt darin nicht ein Widerspruch zu dem Anreiz für einen eigenen Aufbau?

Oltmann: Um das zu vermeiden, habe ich für die Einführung des Sortenschutzes bestimmte Voraussetzungen genannt, die vorher erfüllt sein müssen. Diese Länder sollten zunächst ein vergleichendes Prüfungssystem aufbauen – ganz besonders zum Vergleich mit einheimischen Sorten oder vorhandenen Landsorten –, damit die Entwicklung nicht eine falsche Richtung nimmt.

Ich danke Ihnen, daß wir uns über diesen Bereich unterhalten konnten.

Anhang

Konzerne im Saatgutbereich – Ein Überblick

Die folgende alphabetisch geordnete Übersicht der wichtigsten Konzerne, die auf dem Saatgutsektor tätig sind, erhebt natürlich keinen Anspruch auf Vollständigkeit. Die Angaben stammen aus verschiedenen Quellen – vor allem aus Jahresberichten, dem *Wall Street Journal*, der *Financial Post* sowie von der *Foreign Investment Review Agency*; sie wurden Anfang 1979 zusammengestellt. Die Konzerne wurden ausgewählt, weil ihre Hauptaktivität in Nordamerika liegt oder weil sie in der vorliegenden Untersuchung erwähnt wurden. Die Umsätze sind in der jeweiligen Landeswährung angegeben; die Angaben beziehen sich jeweils auf das in Klammern angegebene Jahr. Zusätzlich wurde noch der Rang des jeweiligen Unternehmens in der amerikanischen beziehungsweise internationalen Industrie nach dem in *Fortune* erscheinenden (US-)*Fortune Rank* und *International Fortune Rank* sowie dem *Forbes Private Sector Rank* angegeben. Markennamen der von den Konzernen hergestellten Produkte wurden in der Regel nicht an die in Europa gebräuchlichen Bezeichnungen angeglichen.

Anderson Clayton – USA (1977)
Umsatz: 948 Millionen
Fortune Rank: 252
Beschäftigte: 12757
Saatgut – Kaffeehandel – Nahrungsmittel für Großverbraucher und Einzelhandel
Saatgutbereich: Anderson Clayton verkauft Mais-, Sorghum- und Baumwollsaatgut in 15 amerikanischen Bundesstaaten. Die Firma ist in Indiana in einen Schadensersatzprozeß im Zusammenhang mit der Maisblattfleckenepidemie im amerikanischen Süden (1970) verwickelt. Der Anteil von Futtermitteln und Saatgut am Gesamtumsatz liegt bei 7,5 %. Die Firma kaufte kürzlich zwei Saatgutunternehmen auf: Paymaster Farms und Tomaco-Genetic Giant.
Bemerkungen: Die Firma macht mit Tochterfirmen in Brasilien und Mexiko einen zusätzlichen Nahrungsmittelumsatz von 550 Millionen Dollar, der nicht in der amerikanischen Konzernbilanz ausgewiesen ist. Bekannte Markenartikel der Firma: Chiffon-Margarine und Seven Seas Salad Dressing. Anderson Clayton hat gegenüber der SEC 2160000 Dollar «zweifelhafte Auslandszahlungen» eingestanden.

Cargill – USA (1976)
Umsatz: 10 Milliarden
Forbes Private Sector Rank: 1
Tätigkeitsbereiche: Getreidehandel – Salz – Zement – Ölsaaten – Saatgut – Transport usw. Auf der Fortune List würde das Unternehmen 1976 ungefähr Platz 12 erreichen. Die Firma gilt als größter Getreidehändler der Welt.
Saatgutbereich: Cargill kaufte in den USA die Dorman Seeds, in Kanada Kroecker Seeds. Die Firma züchtet Hybrid-Weizen.
Bemerkungen: Die Firma war in eine ganze Reihe rechtlicher Auseinandersetzungen im Umfeld ihrer Getreidekäufe und -exporte in Nordamerika, Panama und Europa verwickelt.

Celanese – USA (1977)
Umsatz: 2,3 Milliarden
Fortune Rank: 106
Beschäftigte: 32 100
Tätigkeitsbereiche: Fasern – Chemikalien – Kunststoffe – spezielle Polymerprodukte
Saatgutaktivitäten: Die Firma erwarb vor kurzem die Saatguterzeuger Cepril Inc. und Moran Seeds. Das Diversifizierungsprogramm des Unternehmens im Forschungs- und Entwicklungsbereich ist stark auf den landwirtschaftlichen Bereich ausgerichtet – in der Entwicklung befinden sich polymerische Saatgutbeizen für Feldfrüchte, Futterpflanzen und Gemüse.
Bermerkungen: Das Unternehmen ist auch bei pflanzlichen Bindemitteln aus Indien und Pakistan tätig, die in der Papierherstellung eingesetzt werden. Celanese verfügt über Fabriken in 15 Ländern sowie über Vertriebsorganisationen in insgesamt 70 Ländern. Die Firma legte vor der US Securities and Exchange Commission (SEC) «zweifelhafte Auslandszahlungen» unbekannter Höhe offen. Celanese stellt Zwischenprodukte für die pharmazeutische Industrie her.

Central Soya – USA (1977)
Umsatz: 177,4 Millionen
Fortune Rank: 115
Beschäftigte: 9500
Tätigkeitsbereiche: Getreide – Feinöle – Geflügel – Nahrungsmittel – Futtermittel – Weiterverarbeitung von Sojabohnen.
Saatgutbereich: Mit dem Erwerb von O's Gold Seed Co. gelang Central Soya der Einstieg ins Hybridmaisgeschäft. Erzeugung von Luzerne- und Sorghumsaatgut.
Bemerkungen: Der Konzern verkauft in über 70 Ländern. Die Futtermit-

telabteilung betreibt umfangreiche Großfarmen in Brasilien, Puerto Rico, Trinidad, Jamaica, Portugal, Holland und Kanada. Die Firma exportiert Futtermittel und Tiermedikamente in den Mittleren und Fernen Osten sowie nach Osteuropa. Bekannte Markennamen im Medikamenten-, Insektizid- und Futtermittelbereich: Master Mix und Farmacy. 1977 verpflichtete sich das Unternehmen im Gefolge eines Antitrustverfahrens wegen seiner marktbeherrschenden Stellung im Bereich der Produktion, Weiterverarbeitung und Vermarktung von Brathähnchen zur Zahlung von Schadensersatz in Höhe von 2,1 Millionen Dollar.

Ciba-Geigy – Schweiz (1977)
Umsatz: 4,2 Milliarden US-Dollar
International Fortune Rank: 52
Beschäftigte: 74080
Tätigkeitsbereiche: Farben und Chemikalien – Pharmazeutika – Agrarchemie – Kunststoffe und Plastik-Additiva. Hauptgeschäftszweig ist die Pharmaherstellung; die Firma verfügt über Produktionsstätten in 52 Ländern. 54 % des GesaMtumsatzes erwirtschaftet Ciba-Geigy außerhalb Europas; der Anteil der Dritten Welt am Gesamtumsatz beträgt mindestens 28 %.
Saatgutbereich: Das Unternehmen erwarb kürzlich die Saatgutfirmen Funk Seeds International und Stewart Seeds in Kanada. Die Züchtungsprogramme von Ciba-Geigy in Kanada, Argentinien und Brasilien werden laufend erweitert. Die größten Saatgutumsätze in den USA werden mit Mais- und Sorghumsorten erzielt. Der Gesamtumsatz im Saatgutbereich lag 1977 bei 241 Millionen Schweizer Franken.
Bemerkungen: Ciba-Geigy ist Eigentümer des Agrarchemieunternehmens Green Cross. Zu den neueren Pflanzenschutzmitteln gehören Dual (Herbizid) und Curacron (Insektizid). Der Umsatz mit agrochemischen Gütern erreichte 1977 2,5 Milliarden Schweizer Franken. Zu den wichtigsten Biozid-Märkten von Ciba-Geigy zählen Indien, Mexiko, Brasilien, Argentinien und Südafrika. Ciba-Geigy erlitt einen empfindlichen Rufschaden durch seine Verwicklung in die japanische SMON-Affäre – viele Japaner erkrankten ernsthaft (es kam auch zu etlichen Todesfällen) durch die Einnahme eines Durchfallmittels. Das Unternehmen verpflichtete sich außergerichtlich zu erheblichen Schmerzensgeldzahlungen an die Betroffenen. 13 der wichtigsten neuen Pestizide von Ciba-Geigy mußten in den USA im Gefolge der IBT-Affäre nochmals getestet werden. Es bestehen Befürchtungen, daß das Ciba-Geigy-Biozid Atrazin bei Mais Mutationen auslöst. Zusammen mit anderen bedeutenden Schweizer Firmen wurde Ciba-Geigy in der «Erklärung von Bern» der aktiven Beeinflussung einer Untersu-

chungskommission der UN beschuldigt, die sich mit der Rolle der multinationalen Konzerne in der Dritten Welt befaßte.

Dekalb Agresearch Inc. – USA (1976)
Umsatz: 360,9 Millionen
Beschäftigte: 18000
Tätigkeitsbereiche: Hybrid-Saatgut – Legehühner und Schweinezucht – Vermarktung und Dienstleistungen im Nutztierbereich – Bewässerungssysteme – Erschließung von Öl- und Gasvorkommen.
Die Lindsay-Bewässerungssysteme werden in Südamerika, Australien, dem Mittleren Osten und auch in Nordamerika vertrieben. Durch ihre Tochtergesellschaft Arizona Feed ist Dekalb auch am Dünger- und Agrochemiemarkt vertreten.
Saatgutbereich: Dekalb ist besonders bei Hybridmais, Sorghum sowie auch Luzerne und Gras-Leguminosen-Mischungen aktiv. Dekalb züchtet und verkauft unter anderem in Mexiko, Nikaragua, Brasilien, Argentinien, Italien und Kanada. Im Hybridweizen- und Maismarkt ist Dekalb amerikanischer Marktführer.
Bemerkungen: Es heißt, daß die Firma von einem Ermittlungsverfahren wegen der Maisblattfleckenseuche im Süden der USA (1970) betroffen ist.

Diamond Shamrock – USA (1977)
Umsatz: 1,5 Milliarden
Fortune Rank: 166
Beschäftigte: 11279
Tätigkeitsbereiche: Öl – Gas – Salz – Nahrungsmittelzusätze – Tier-Antibiotika – Futtermittelzusätze – Fungizide – Herbizide – Saatgut
Saatgutbereich: Das Unternehmen erwarb kürzlich den Saatguterzeuger Taylor-Evans Seed Company.
Bemerkungen: Die Fungizide dieses Unternehmens wurden speziell für Tomaten, Kartoffeln und Erdnüsse entwickelt. Die Herbizide decken den Obst-, Gemüse-, Gras- und Zierpflanzenbereich ab. Dinethionin ist ein bekannter Futtermittelzusatz.

EMC – Frankreich (1977)
Umsatz: 4,0 Milliarden
Beschäftigte: 11000
Tätigkeitsbereiche: Bergbau – Kunstdünger – Futtermittel – landwirtschaftliche Maschinen – Saatgut. EMC ist eine Publikumsgesellschaft, die 49% ihrer Umsätze im Ausland erwirtschaftet. Einen Schwerpunkt der Firmentätigkeit bildet Westafrika.

Saatgutbereich: Ein Großteil des Geschäfts wird über die SCPA (Societé Commerciale des Potasses et de l'Azote) abgewickelt, die Saatgut, Kali-Dünger, landwirtschaftliche Maschinen und kombinierte Phosphor-Kali-Dünger verkauft.
Bemerkungen: Der Anteil der EMC am Kali-Weltmarkt beträgt etwa 6,5%. Die Firma ist auch im Tierzuchtbereich tätig und betont insbesondere ihre Orientierung auf die Bedürfnisse der Entwicklungsländer.

FMC – USA (1977)
Umsatz: 2,4 Milliarden
Fortune Rank: 103
Beschäftigte: 44249
Tätigkeitsbereiche: Maschinen für Landwirtschaft und Nahrungsmittelverarbeitung – Industriechemikalien – Ausrüstungen zur Erschließung und Verarbeitung natürlicher Ressourcen – Bau- und Kraftübertragungsmaschinen – Maschinen und Ausrüstungen für den staatlichen und kommunalen Bedarf. Die Firma verfügt über 135 Produktionsstätten in 14 Ländern einschließlich der USA. 636,7 Millionen Dollar vom Gesamtumsatz wurden außerhalb der USA erwirtschaftet.
Saatgutbereich: FMC erwarb kürzlich Seed Research Associates (USA).
Bemerkungen: FMC hat ausgedehnte agrochemische Interessen; es produziert unter anderem die Insektizide Furadan (Mais und Reis) und Pounce, das bei Baumwolle Verwendung findet. Pounce wird vor allem in Mittelamerika eingesetzt; Furadan in Südamerika. Darüber hinaus produziert FMC den Wirkstoff Avicel, der in der Nahrungsmittelaufbereitung und für Pharmazeutika gebraucht wird; dieses Produkt wird in Cork (Rep. Irland) hergestellt. FMC verarbeitet auf den Phillippinen erzeugte Algen als natürlichen Nahrungszusatz für Konserven – vor allem in Kombination mit Milchprodukten. Ethion und Thiodan sind zwei weitere FMC-Insektizide; Polyram, ein Fungizid, wird ebenfalls von diesem Unternehmen produziert.

ITT – USA (1977)
Umsatz: 13, 1 Milliarden
Fortune Rank: 11
Beschäftigte: 375000
Tätigkeitsbereiche: ITT ist ein hochdiversifizierter Mischkonzern, der in fast allen Ländern tätig ist. Telekommunikation – Verlagswesen – Waldwirtschaft – Versicherungen – Großbäckereien – technische Produkte – Konsumartikel. Mehr als die Hälfte des ITT-Gesamtumsatzes wird außerhalb der USA erwirtschaftet.
Saatgutbereich: Das Unternehmen erwarb kürzlich O.M. Scott and Sons, den amerikanischen Marktführer bei Grassaaten, sowie Burpee

Seeds, die größte Gartensaat-Verkaufskette der USA. ITT ist außerdem in der Forstgenetik tätig.
Bemerkungen: ITT räumte «zweifelhafte Auslandszahlungen» in Höhe von 11 338 000 Dollar ein.

Monsanto – USA (1977)
Umsatz: 4,6 Milliarden
Fortune Rank: 44
Beschäftigte: 61 519
Tätigkeitsbereiche: Landwirtschaftliche Produkte – chemische Zwischenfabrikate – Konsumgüter – Industriechemikalien – Kunststoffe – Kunstharze – Textilien. Obwohl die landwirtschaftlichen Produkte mit nur 654 000 000 Dollar am Gesamtumsatz beteiligt waren, brachten sie den größten Gewinnanteil ein. Knapp 1,2 Milliarden Dollar vom Gesamtumsatz wurden außerhalb der USA erwirtschaftet.
Saatgutbereich: Das Unternehmen erwarb kürzlich den Saatguterzeuger Farmers' Hybrid Company.
Bemerkungen: Zu den von Monsanto für den landwirtschaftlichen Markt produzierten Produkten gehören Herbizide, Insektizide, Wachstumsregulatoren für Pflanzen, Dünger und Zuchttiere. Lasso (Herbizid) wird im europäischen Maisanbau sowie im südamerikanischen Sojaanbau verwendet. Roundup wird im brasilianischen Baumwoll-, Zucker- und Zitrusfrüchteanbau, in der skandinavischen Forstwirtschaft, im französischen Weinbau, auf Gummiplantagen in Malaysia sowie im australischen Getreideanbau verwendet; in Nordamerika wird es gegen mehrjährige Unkräuter wie Quecken eingesetzt. Avadex dient zur Flughaferbekämpfung im Weizen- und Getreideanbau. Das Reis-Herbizid Machete wird in Korea, Japan und Taiwan eingesetzt.
Polaris (ein Wachstumsregulator) wird in den USA und Mittelamerika im Baumwollanbau zur Schädlingsbekämpfung verwendet. Monsanto betreibt außerhalb der USA noch in 21 weiteren Ländern 98 Fertigungsstätten und erzielt 31 % des Gesamtumsatzes im Ausland. Das Unternehmen verfügt über 76 Verkaufsbüros in 42 Ländern. Monsanto ist zur Zeit wegen Umweltverschmutzung durch PCB in den USA in eine gerichtliche Auseinandersetzung verwickelt. Monsanto gab vor der SEC «zweifelhafte Auslandszahlungen» in Höhe von 3 624 700 Dollar zu.

Occidental Petroleum – USA (1977)
Umsatz: 6,0 Milliarden
Fortune Rank: 27
Beschäftigte: 32 000
Tätigkeitsbereiche: Öl und Gas – Industriechemikalien – Kunststoffe –

Geräte und Chemikalien zur Metallveredlung – Agrarchemie – Düngemittel.
Saatgutbereich: Firmenaufkäufe sind bisher nicht bekannt geworden; Wm. Teweles & Co. bezeichnet die Firma jedoch als wichtigen neuen Faktor in der Pflanzenzucht.
Bemerkungen: Im Alleinbesitz von Occidental befindet sich Hooker Chemicals; dieses Unternehmen wurde umorganisiert und erweitert und dient nun dem Vertrieb einer umfangreichen Palette von Agrochemikalien und Düngemitteln. Das Unternehmen liefert erhebliche Mengen Dünger in die UdSSR und ist auch im Futtermittelmarkt präsent. Zoecon Corporation, seit kurzem Tochtergesellschaft, ist Marktführer bei Wachstumsregulatoren bei Insekten (Methonren). Zoecon betreibt Fabriken in Spanien, Kanada und Japan sowie in den USA. Methonren wird in der Seidenraupenzucht verwendet. Zoecon verfügte 1977 über 144 US-Patente auf dem Gebiet der Insektenbekämpfung, womit das Unternehmen zu den 50 führenden Patentinhabern auf diesem Gebiet zu zählen ist. Zu diesen Patenten zählt auch das Biozid BHC, das aus den USA ohne entsprechende Gefahrenwarnungen in die Dritte Welt verkauft wurde.

Olin – USA (1977)
Umsatz: 1,5 Milliarden
Fortune Rank: 174
Beschäftigte: 22000
Tätigkeitsbereiche: Chemikalien – Metalle – Papier – Zellophan – Skiausrüstungen – Schußwaffen und Munition – Fertighäuser – Dünger – Fungizide – Chemikalien zur Saatgutaufbereitung.
Saatgutbereich: Zusammen mit Royal Dutch/Shell besitzt Olin North American Plant Breeders (NAPB); diese Firma erzeugt sowohl Saatgut wie Beizmittel. NAPB ist darüber hinaus in der Züchtung von Markensaatgetreide, Futterpflanzen-, Sojabohnen- und weiteren Arten tätig.
Bemerkungen: Olin produziert Biozide, Pharmazeutika und Kosmetika. Ammo-Phos ist ein bekannter Markenname für Dünger. Terrachlor und Terrazol sind Fungizide, die direkt in den Boden eingebracht und auch als Saatbeize angewandt werden. Dem Unternehmen gehören die Tochterfirmen Winchester Rifle, Winchester and Western Ammunition, sowie Weaver Optical. 1978 wurde Olin wegen verbotener Waffen- und Munitionsexporte nach Südafrika zu einer Strafe von 510000 Dollar verurteilt. Nach Angaben der Firma erstreckten sich die Lieferungen über einen längeren Zeitraum. Olin mußte zudem eingestehen, über die von ihrer chemischen Fabrik in Niagara Falls US-Bundesstaat New York verursachten Schäden «irreführende Angaben» gemacht zu haben; dem Unternehmen droht eine Strafe von bis zu 200000 Dollar.

In Irland produziert Olin Biozide, die für den Weltmarkt bestimmt sind. Weitere Fabriken befinden sich in Afrika und Venezuela.

Pfizer – USA (1977)
Umsatz: 2,0 Milliarden
Fortune Rank: 126
Beschäftigte: 40 200
Tätigkeitsbereiche: Pharmazeutika – medizinische Geräte – Tiermedikamente – Pflanzen- und Tiergenetik – organische Chemikalien für Nahrungsmittel-, Getränke- und Gesundheitspflegehersteller – Parfum – Kosmetika.
Saatgutbereich: Pfizer erwarb vor kurzem Clemens Seed Farms, Jordan Wholesale Co., Trojan Seed Co. sowie Warwick Seeds. Schwerpunkte bilden Mais-, Sojabohnen- und Hafersaaten.
Bermerkungen: Die Firma besitzt 140 Fabriken in 40 Ländern und ist praktisch in allen Regionen der Dritten Welt tätig. Die Umsätze mit Landwirtschaftsbedarf erreichten 1977 15% des Konzernumsatzes – 310800000 Dollar. Zwei Drittel dieser Summe entfielen auf Geschäfte mit Ländern außerhalb der USA und Europas. Mecadox, ein Tierwuchsmittel, kommt außerhalb der USA auf beträchtliche Umsätze. Ungefähr 57 % seines Umsatzes erwirtschaftet Pfizer außerhalb der USA. Das Unternehmen räumte vor der SEC 1665458 Dollar «zweifelhafte Auslandszahlungen» ein.

Pioneer Hi-Bred International Inc. – USA (1977)
Umsatz: 281,0 Millionen
Beschäftigte: 2138
Tätigkeitsbereiche: Saatgut – Geflügel – Datenverarbeitung. Die Firma vertreibt ihre Produkte in über hundert Ländern.
Saatgutaktivitäten: Zu dem Unternehmen gehören die Lankhart Inc., Lockett Inc. sowie Arnold Thomas Seed Company. Pioneer hält auf dem amerikanischen Markt bei Hybridmais einen Anteil von 29,3%, bei Hybrid-Sorghum 15,8%, bei Luzerne 8,3%, bei Sojabohnen 2,1%, bei Baumwolle 4% sowie einen unbedeutenden Teil des Weizensaatgetreides (obwohl die Firma wohl in der Zukunft zu einem wichtigen Produzenten von Hybrid-Winterhartweizen werden wird).
Bemerkungen: Zusätzlich hält Pioneer auf dem amerikanischen Geflügelmarkt bei Poularden 18,9%, bei Legehennen 22,3%, sowie 1,8% bei Schlachthähnchen. Pioneer ist in den Schadensersatzprozeß um die Maisblattfleckenseuche im Süden der USA (1970) verwickelt.

Purex – USA (1978)
Umsatz: 491,2 Millionen
Fortune Rank: 397
Beschäftigte: 7100
Tätigkeitsbereiche: Blumen-, Gemüse- und landwirtschaftliche Saaten – Haushaltsreiniger – Investitionsgüter für Industrie, Handel und Institutionen – Lufttechnik und Maschinenbau.
Saatgutbereich: Purex erwarb vor kurzem Advanced Seeds, Ferry-Morse Seeds und Hulting Hybrids. Ferry-Morse ist eine bedeutende Saatgut-Handelskette mit erheblichem Auslandsumsatz. Purex ist auch auf dem Markt für Hybridmais präsent.
Bemerkungen: Purex räumte vor der SEC «zweifelhafte Auslandszahlungen» in Höhe von 447336 Dollar ein.

Ranks Hovis McDougall – Großbritannien (1977)
Umsatz: 1,1 Milliarden
International Fortune Rank: 133
Beschäftigte: 57248
Tätigkeitsbereiche: Mühlenbetriebe – Großbäckereien – Saatgut – Futtermittel – Schnellrestaurants – Fertigpizza – Agrarchemie – Düngemittel. Die Firma ist in Australien, Neuseeland, den Philippinen, Indonesien, Südafrika und Argentinien tätig.
Saatgutbereich: RHM ist in Großbritannien im Bereich des Landhandels durch eine Vielzahl von Niederlassungen stark vertreten, die Saatgut, Biozide, Dünger und andere Artikel vertreiben. Die Saatgutabteilung des Unternehmens war 1977 zehn Jahre tätig; ihr Schwerpunkt liegt bei Getreidesaaten. RHM schätzt, daß sein Saatgut auf einer Anbaufläche von ca. 200000 Hektar eingesetzt wird.
Bemerkungen: RHM hat Weizen- und Gerste-Identifizierungsprogramme entwickelt sowie eine Methode zur Trennung von Flughafer von Getreidesaatgut. Das Unternehmen verkauft ein bekanntes Milchviehfutter – Superlac 10 Grazing Nuts.

Royal Dutch/Shell – Großbritannien/Niederlande (1977)
Umsatz: 39,7 Milliarden US-Dollar
International Fortune Rank: 1
Beschäftigte: 155000
Chemiebereich: RD/S spricht selbst davon, den größten Chemieanteil aller Ölgesellschaften zu haben. Shell Oil setzte 1977 1,7 Milliarden Dollar mit Chemikalien um, davon allein in den USA 300 Millionen Dollar mit Agrarchemie. Zu den wichtigsten Pestiziden des Konzerns zählen Pydrin (hergestellt unter Lizenz von Summitomo, Japan), das im Baumwollanbau verwendet wird, sowie Bladex (Maisanbau). Auf

den kanadischen Weizenprärien sind Endaven und Mataven (Unkrautvernichtungsmittel) bestens bekannt. Shell Oil und ihre Tochtergesellschaft Velsico mußten verschiedene Mittel – darunter auch Hexakis und Methazol – in Kanada wie den USA im Gefolge des IBT-Skandals nochmals testen lassen. Shell/Velsico vertreibt auch die Mittel Aldrin, Heptachlorendrin, Dieldrin und Leptophos. Besonders die Ausbreitung von Dieldrin in der Nahrungskette – bis zu dem Punkt, wo sich fast bei allen Nordamerikanern meßbare Werte im Körper finden – hat zu Besorgnissen geführt. Leptophos wurde in Texas nur für den Einsatz in Ägypten, Indonesien und Kolumbien produziert. Aus diesen Ländern wurden bei Menschen und Tieren Vergiftungen mit teilweise tödlichem Ausgang bekannt. Bei den Arbeitern der texanischen Fabrik kam es häufig zu ernsten Erkrankungen.
Saatgutbereich: Zu RD/S gehört die englische Nickerson Seeds Co. RD/S übt durch diese Tochtergesellschaft sowie durch Beteiligungen an großen Saatgutfirmen wie Bush Johnson, International Plant Breeders (den RD/S zusammen mit Ranks Hovis McDougall mehrheitlich kontrolliert) vor allem auf den englischen, aber auch auf dem übrigen europäischen Markt massiven Einfluß aus. In Holland gehört RD/S Zwaan und Zwaanesse sowie die Firma Broersen; in Frankreich, der Bundesrepublik, Schweden und Dänemark besitzt der Konzern weitere Saatgutfirmen, die nicht unbedeutend sind. Eine Untersuchung, die im Sommer 1978 durchgeführt wurde, ergab, daß mindestens 18 große europäische Saatgutfirmen zum Einflußbereich von RD/S zu zählen sind. Einzelne Forscher vermuten sogar, daß RD/S mindestens 23 Saatgutfirmen beherrscht. RD/S wiederum ist über seine Beteiligung an North American Plant Breeders und Agripro mit der Olin Corporation verflochten.

Sandoz – Schweiz (1977)
Umsatz: 4,8 Milliarden
International Fortune Rank: 126
Beschäftigte: 35605
Tätigkeitsbereiche: Farben – Pharmazeutika – Agrarchemie – Saatgut – Nahrungsmittel. Ovomaltine ist wohl das bekannteste Konsumprodukt des Unternehmens. 94,9% des Gesamtumsatzes werden außerhalb der Schweiz erzielt, davon 27,5% in Nordamerika. Brasilien und Indien gehören zu den zwölf wichtigsten Kunden von Sandoz.
Saatgutbereich: Das Unternehmen erwarb vor kurzem die Saatgutfirmen National-NK, Rogers Brothers und Northrup King. Der Saatgutumsatz (weltweit) erreichte 1977 464 Millionen Schweizer Franken, vor allem mit Hybridmais, Hybridsorghum, Sonnenblumen, Sojabohnen, Luzerne, Weizen und Gemüse.

Bemerkungen: An Agrarchemikalien vertreibt Sandoz (Umsatz auf diesem Sektor: 250 Millionen Franken) das von Monsanto lizenzierte Roundup (Herbizid). Zorial, ein Baumwoll-Herbizid, wird in Mittel- und Südamerika verkauft, ebenso das Insektizid Thuricid. Elcar, ein Virus-Präparat, wird in Brasilien zur Behandlung von Kaffee- und Kakaopflanzungen verwendet. Im französischen Weinbau werden Spritzmittel auf Metoxuron-Basis eingesetzt. In Osteuropa ist das Insektizid Despirol weit verbreitet, in Indien und Pakistan Ekalux, ebenfalls ein Insektenvernichtungsmittel. Ekamet, Evisect und Saffotin, ebenfalls Insektizide, sowie das Herbizid Solican stehen kurz vor der Marktreife. Sandoz arbeitet eng mit Ciba-Geigy zusammen; die beiden Firmen errichten in der Nähe der französischen Grenze bei Basel ein gemeinsames Klärwerk. In Venezuela betreiben die beiden Unternehmen eine gemeinsame Tochterfirma – die Covigal SA –, mit deren Hilfe Pharmazeutika in den Ländern des Andenpakts vertrieben werden; in Resende (Brasilien) besitzen die beiden Firmen eine agrochemische Fabrik. Sandoz, Ciba-Geigy und andere Schweizer Konzerne beteiligten sich auch an den Beeinflussungsversuchen der auf multinationale Konzerne angesetzten Untersuchungsgruppe der UN.

Tate & Lyle – Großbritannien (1978)
Umsatz: 1,1 Milliarden
International Fortune Rank: 118 (1977)
Beschäftigte: 20015
Tätigkeitsbereiche: Agrobusiness – Lagerung flüssiger Massengüter – Großhandel, Einzelhandel, Warenhäuser – Mälzereien – Reederei – Stärke – Zuckerraffinerien – Zuckerherstellung. Die Firma besitzt Tochtergesellschaften in 21 Ländern, einschließlich Mosambique, Brasilien, Belize, Bermuda, Elfenbeinküste, Simbabwe, Südafrika, Guyana, Mauritius und Hong Kong.
Saatgutbereich: Die Firma erwarb kürzlich die Saatgutfirma Berger & Plate.
Bemerkungen: Tate & Lyle ist Eigentümerin von Farrow; diese Firma produziert Bewässerungsgeräte; und sie scheint sowohl in Afrika wie auf den Westindischen Inseln erhebliche Interessen in der Landwirtschaft zu haben.

Union Carbide – USA (1977)
Umsatz: 7 Milliarden
Fortune Rank: 21
Beschäftigte: 113669
Tätigkeitsbereiche: Chemikalien und Kunststoffe (40% des Umsatzes); Produkte auf Gasbasis, Metalle, Karbonverbindungen (33% des Um-

satzes); Konsum- und Markenwaren (27% des Umsatzes). Union Carbide vertreibt seine Produkte über Tochtergesellschaften in 35 Ländern; 32 % des Umsatzes werden im Ausland erzielt. Markenprodukte im Konsumbereich: Glad-Müllbeutel, Everready-Batterien und Prestone-Gefrierschutzmittel.
Saatgutbereich: Das Unternehmen erwarb kürzlich die Keystone Seed Company.
Bemerkungen: Neben seinen Produkten im Bereich der Gesundheitspflege und chemischen Nahrungsmittelzusätze ist Union Carbide mit Sevin (einem Insektizid auf Carbaryl-Basis), Temik (Pestizid auf Aldicarb-Basis) und Weedone (Unkrautvernichtungsmittel) auch im Pflanzenschutzmarkt vertreten. 1977 erwarb das Unternehmen Amchem Products Inc. von Rohr Amchem, womit es seinen agrochemischen Schwerpunkt erheblich verstärkte. Amchem produziert Chemikalien zur Metallveredlung, Herbizide, Maissaaten und das chemische Reifungsmittel für die in Florida entwickelten und angebauten «Walter»-Tomaten.

Upjohn – USA (1977)
Umsatz: 1,1 Milliarden
Fortune Rank: 217
Beschäftigte: 18830
Tätigkeitsbereiche: Pharmazeutika – medizinische Dienstleistungen – Chemikalien – Saatgut und Markenartikel für die Landwirtschaft. 37,2 % des Gesamtumsatzes wurden im Ausland – 150 Staaten – erzielt. Upjohn betreibt – neben Fabriken in den USA und Puerto Rico – noch in 17 weiteren Ländern Produktionsstätten, unter anderem in Argentinien, Venezuela, Guatemala, Mexiko, Korea und Indonesien.
Saatgutbereich: Das Unternehmen erwarb vor kurzem die Saatgutfirmen Asgrow Seeds und Associated Seeds. Asgrow zählt zu den führenden Firmen auf dem US-Gemüsesaatmarkt; es entwickelt und verkauft Erbsen-, Bohnen- und Süßmaissorten sowie Feldfrüchte wie Hybridmais, Hybridsorghum und Sojabohnen. In Florida stellt Asgrow außerdem Agrarchemikalien und -maschinen her. Die Firma züchtet die «Pacesetter 490»-Tomaten.
Bemerkungen: Über die Tochter Cobb Inc. ist die Firma an der Geflügel-Genetik beteiligt. Upjohn und Asgrow stellen eine breite Palette von Agrarchemikalien her wie das Herbizid Enide, das Fungizid Actidion, das Fundizid Botran und das Pestizid Baam. Vor der SEC räumte Upjohn 890771 Dollar «zweifelhafte Auslandszahlungen» ein. Im Jahresbericht 1977 berichtete die Firma, daß ihre in der Medikamentenforschung (Human- und Tiermedizin) tätigen Wissenschaftler im firmeneigenen Forschungszentrum in Kalamazoo (Michigan) mit den Pflanzenzüchtern eng zusammenarbeiten.

Abkürzungen

AAASA	Association for the Advancement of Agricultural Sciences in Africa (Vereinigung zur Förderung der Agrarwissenschaften in Afrika)
ASSINSEL	Association Internationale des Séléctionneurs pour la Protection des Obtentions Végétales (Internationaler Verband der Pflanzenzüchter für den Schutz von Pflanzenzüchtungen)
ASTA	American Seed Trade Association (Saatgut-Wirtschaftsverband der USA)
CCIC	Canadian Council for International Co-operation (Kanadischer Rat für internationale Zusammenarbeit)
CGIAR	Consultative Group on International Agricultural Research (Beratungsgruppe für Internationale Agrarforschung
CIAT	Centro International de Agricultura Tropical (Internationales Zentrum für Tropische Landwirtschaft)
CIDA	Canadian International Development Agency (Kanadische Organisation für Internationale Entwicklung)
CIMMYT	Centro Internacional de Megoriamiento de Maiz y Trigo (Internationales Mais- und Weizenforschungszentrum)
CIP	Centro Internacional de la Papa (Internationales Kartoffelzentrum)
EPPO	European and Mediterranean Plant Protection Organization (Pflanzenschutzorganisation für Europa und den Mittelmeerraum)
FAO	Food and Agriculture Organization (Ernährungs- und Landwirtschaftsorganisation der Vereinten Nationen)
FIS	Fédération Internationale des Semences (Internationaler Saatgutverband)
GR/CIDS	Genetic Resources Communications, Information and Documentation System (Kommunikations-, Informations- und Dokumentationssystem für genetische Ressourcen)
HRV	High-Responding Variety (Hochreaktionssorte)
HYV	High-Yielding Variety (Hochertragssorte)
IBPGR	International Board for Plant Genetic Resources (Internationaler Rat für pflanzengenetische Ressourcen)
IBT	Industrial Bio-Test Ltd. (In einen Test-Skandal verwikkelte amerikanische Firma)

ICARDA	International Center for Agricultural Research in Dry Areas (Internationales Forschungszentrum für Landwirtschaft in Trockengebieten)
ICDA	International Coalition for Development Action (Internationale Koalition für entwicklungspolitische Aktion)
ICRISAT	International Crops Research Institute for the Semi-Arid Tropics (Internationales Pflanzenforschungsinstitut für die Halbtrockengebiete der Tropen)
IDRC	International Development Research Centre (Internationales Entwicklungsforschungszentrum)
IITA	International Institute of Tropical Agriculture (Internationales Institut für tropische Landwirtschaft)
INPADOC	International Patent Documentation Centre (Internationales Zentrum für Patentdokumentation)
IPBR	International Plant Breeder's Rights (Internationales Sortenschutzrecht)
IRRI	International Rice Research Institute (Internationales Reisforschungsinstitut)
IS/GR	Informations Sciences/Genetic Resources Programme (Datenzentrale/Genetisches Ressourcenprogramm)
ISTA	International Seed Testing Association (Internationaler Verband für Saatgutprüfung)
NAPB	North American Plant Breeders (Saatgutunternehmen in den USA)
NAS	US National Academy of Sciences (Akademie der Wissenschaften der USA)
NSSL	National Seed Storage Laboratory (Nationale Genbank der USA)
PBR	Plant Breeders Rights (Sortenschutzrechte)
PGRC	Plant Genetic Resources of Canada (Pflanzengenetische Ressourcen/Kanada)
SCIC	Saskatchewan Council for International Co-operation (Rat für Internationale Zusammenarbeit in Saskatchewan)
SEC	US Securities and Exchange Commission (Staatliche Wertpapier- und Börsenkommission der USA)
SIDP	Seed Improvement and Development Programme (Saatgutentwicklungs- und Verbesserungsprogramm)
UNCTAD	United Nations Conference on Trade and Development (Konferenz der Vereinten Nationen für Handel und Entwicklung)
UNDP	United Nations Development Programme (Entwicklungsprogramm der Vereinten Nationen)

UNEP	United Nations Environment Programme (Umweltprogramm der Vereinten Nationen)
UNESCO	United Nations Educational, Scientific and Cultural Organization (Organisation der Vereinten Nationen für Erziehung, Wissenschaft und Kultur)
UPOV	Union Internationale pour la Protection des Obtentions Végétales (Internationaler Verband zum Schutz von Pflanzenzüchtungen)
USDA	US Department of Agriculture (Landwirtschaftsministerium der USA)
WARDA	West Africa Rice Development Association (Westafrikanischer Reisentwicklungsverband)
WIPO	World Intellectual Property Organization (Weltorganisation für geistiges Eigentum)

Anmerkungen

Kapitel 1

1 *The National Program for the Conservation of Crop Germ Plasm*, Veröff. des *US-Landwirtschaftsministeriums*, Juni 1971, S. 9

2 Wilkes, G., *The Endangered Genetic Base of the World's Food Supply*. In: *The Bullentin of the Atomic Scientist*, Februar 1977, S. 11

3 Myers, N., *Disappearing Legacy. The Earth's Vanishing Genetic Heritage*. In: *Nature Canada*, Oktober/Dezember 1978, S. 44

4 Kendrick Jr., J. B., *Preserving Our Genetic Resources*. In: *California Agriculture*, September 1977, S. 2

5 Omang, J., *Plants with Alien Names Hold Promise of a Brave New World*. In: *The Washington Post*, 28. September 1978

6 Grubben, G. J. H., *Tropical Vegetables and their Genetic Resources*, Veröff. des *IBPGR*, 1977, S. 7

7 Eckholm, E., *Disappearing Species: The Social Challenge*, Juli 1978

8 Kendrick, a. a. O., S. 2

9 Wilkes, G., *Native Crops and Wild Food Plants*. In: *Ecologist*, Vol. VII, Nr. 8, S. 313

10 Oldfield, M. L., *The Utilization and Conservation of Genetic Resources: An Economic Analysis* (Master of Science Thesis), März 1977, S. 63

11 Fogg, H. G. W., *History of Popular Garden Plants from A to Z*, 1976, S. 1

12 Perelman, M., *Farming for Profit in an Hungry World* (Landmark Series), 1977, S. 144

13 Harlan, J. R., *Gene Centres and Gene Utilization* (unveröffentliches Manuskript)

14 *Handbook of Canadian Varieties of Barley, Field Beans, Field Peas, Flax, Oats, Rye, and Spring, Durum and Winter Wheat*, Hg. v. *kanadischen Landwirtschaftsministerium 1975*

15 *The National Program* ..., a. a. O., S. 9

16 Ebd., S. 47

17 Ebd., S. 47

18 Ebd., S. 46

19 Ebd., S. 52

20 P. I. = *Plant Introduction*; eine Inventarisierungsnummer für Pflanzenmuster beim US-Landwirtschaftsministerium

21 Ebd., S. 56

22 Harlan, a. a. O.

23 Ebd., S. 56/57

24 Ebd., S. 42f

25 Ebd., S. 60

26 Eckholm, a. a. O., S. 12

27 Ebd., S. 40

28 Klon = durch ungeschlechtliche Fortpflanzung erhaltener erbgleicher Stamm

29 Ebd., S. 42

30 Martens, J.W.; das Zitat stammt aus einem mündlichen Beitrag auf der Konferenz «Chemicals in Agriculture», Saskatchewan/Kanada 1977
31 Schaller, C. W., *Utilizing Genetic Diversity on the Improvement of Barley Cultivars.* In *California Agriculture*, September 1977, S. 18–19

Kapitel 2

1 Eckholm, E., *Disappearing Species: The Social Challenge,* Juli 1978, S. 13
2 *The Green Revolution: Genetic Backlash.* In: Ceres – *The FAO Review,* September/ Oktober 1969
3 Nach einem Telefongespräch mit E. Bennett im Juni 1978
4 Bei der Blattfleckenkrankheit handelt es sich um Helminthosporium maidis, speziell die Rasse «T» (T steht für Texas-Zytoplasma, das besonders stark befallen wird). Der englische Trivialname ist «Southern Corn Leaf Blight».
5 Jones, R. A., *Food Peril: Erosion of Wild Plants*; Zeitungsartikel
6 Allaby, M., *Miracle Rice Breeds Miracle Locusts,* In: *Ecologist,* o. Nr., S. 181
7 Zu den beteiligten Firmen gehören Anderson Clayton, Dekalb und Pioneer Hi-Bred
8 Eckholm, a. a. O., S. 7
9 Ebd., S. 18
10 Ebd., S. 6
11 Ebd., S. 6
12 Frankel, O. H., *Survey of Crop Genetic Resources in their Centres of Diversity,* Veröff. der *FAO*, 1973, S. 22
13 Wilkes, G., *The Endangered Genetic Base of the World's Food Supply,* in:, *The Bulletin of the Atomic Scientist*, Februar 1977, S. 11
14 Nach einem Telefongespräch mit E. Bennett am 26. Juni 1978
15 *The Green Revolution: Genetic Backlash*, a. a. O.
16 Das Symposium fand im Juli 1978 in den Niederlanden statt
17 Woodham-Smith, C., *The Great Hunger,* New York (Harper & Row), 1962
18 Harlan, J. R., *Genetic Resources in Wild Relatives of Plants.* In: *Crop Science,* Mai/Juni 1976, S. 329f
19 John, P., *The Green Revolution Turns Sour.* In: *Ecologist*, 1974, S. 304–5
20 Jones, R. A., a. a. O.
21 Safeeulla, K. M., *Genetic Vulnerability: The Basis of Recent Epidemics in Agriculture.* In: Day, P.R. (Hrsg.), *The Genetic Basis of Epidemics in Agriculture,* Veröff. der *New York Academy of Sciences,* 1977, S. 78
22 *Genetic Vulnerability of Major Crops,* Veröff. der *US National Academy of Sciences,* 1972
23 Ebd., S. 18
24 Ebd., S. 18
25 *The Green Revolution: Genetic Backlash,* a. a. O.
26 Wilkes, a. a. O, S. 15
27 Allaby, a. a. O., S. 181
28 Qualset, C. O. u. a., *Breeding Successes with Spring Weat Germ Plasm.* In: *California Agriculture*, September 1977, S. 27

29 *Genetic Vulnerability of Major Crops*, Veröff. der *US National Academy of Sciences*, 1972
30 Ebd., S. 1
31 Nach telefonischer Auskunft vom März 1979
32 Nach telefonischer Auskunft vom März 1979
33 Allaby, a. a. O., S. 181
34 Harlan, a. a. O., S. 330
35 Aus einem Brief mit Datum vom 24. Oktober 1978
36 *Priorities Among Crops and Regions*, Veröff. der *CGIAR*, 1976, S. 6
37 Nach einem Telefongespräch mit E. Bennett vom 26. Juni 1978
38 Eckholm, a. a. O., S. 10
39 Aggrwala, N., *World's Forest Resources*, Veröff. der *UNDP/FAO*, 1975
40 Eckholm, a. a. O., S. 36
41 *Conservation of Germ Plasm Resources: An Imperative*, Veröff. der *US National Academy of Sciences*, 1978, S. 33
42 Eckholm, a. a. O., S. 36
43 Ebd., S. 17f
44 Ebd., S. 17f

Kapitel 3

1 *Plant Genetic Resources of Canada (PGRC)*. In: *Newsletter* No. 5, Oktober 1978, S. 5
2 *IBPGR Newsletter* No. 36, Januar 1979, S. 8
3 *IBPGR Newsletter* No. 33, Februar 1978, S. 33
4 *The World Food Problem*, Veröff. der *UN World Food Conference*, November 1974, S. 96
5 Ebd., S. 96
6 *IBPGR 1977 Annual Report*, S. 3–6
7 *The Conservation of Crop Genetic Resources*, Veröff. des *IBPGR*, 1975, S. 7
8 *IBPGR 1977 Annual Report*, a. a. O.
9 Ebd., S. 3–6
10 Ebd., S. 53–62
11 Nach einem telefonischen Interview mit J. L. Creech vom Aufsichtsrat des *IBPGR*
12 *IBPGR 1977 Annual Report*, S. 65–67
13 *The National Program for the Conservation of Crop Germ Plasm*, Veröff. des *US Department of Agriculture*, Juni 1971, S. 22
14 Harlan, J. R., *Our Vanishing Genetic Resources*. In: *Science*, Mai 1975, S. 620
15 Nach einem telefonischen Interview mit Shane Smith vom September 1978
16 Nach einem Interview von Shane Smith mit Angestellten des *NSSL* in Fort Collins vom Herbst 1978. Diese Angaben wurden uns im September 1978 telefonisch mitgeteilt.
17 Ebd.
18 Aus einem vom 25. Oktober 1978 datierten Brief
19 Harlan, J. R., *Genetic Resources in Wild Relatives of Plants*. In: *Crop Science*, Mai/Juni 1976

20 *Conservation of Germ Plasm Resources: An Imperative*, Veröff. der *US National Academy of Sciences*, 1978, S. 3
21 *IBPGR Newsletter* No. 34, Juni 1978, S. 10
22 Ebd., S. 13
23 Frankel, O. H. (Hg.), *Survey of Crop Genetic Resources in their Centres of Diversity*, Veröff. der *FAO*, Februar 1973
24 Ebd., S. 10
25 Ebd., S. 1
26 Ebd., S. 16
27 Ebd., S. 15
28 Ebd., S. 12
29 *IBPGR Newsletter* No. 34, Juni 1978, S. 27
30 *Conservation of Germ Plasm Resources: An Imperative*, Veröff. der *US National Academy of Sciences*, 1978, S. 97
31 *The National Program for the Conservation of Crop Germ Plasm*, Veröff. des *US Department of Agriculture*, Juni 1971. Die Zahlen wurden aus mehreren Statistiken zusammengestellt.
32 *The National Plant Germ Plasm System*, Veröff. des *US Department of Agriculture*, durchgesehene Neuauflage, Mai 1978, S. 12
33 *Conservation of Germ Plasm Resources: An Imperative*, Veröff. der *US National Academy of Sciences*, 1978, S. 28
34 Aus einem Brief vom 2. November 1978
35 *US National Plant Genetic Resources Board*, Protokoll der Tagung vom 18.–19. Mai 1978
36 Aus einem Brief vom 1. November 1978
37 *Expert Committee on Plant Genetic Resources* (Kanada), Protokoll der Tagung vom 24. November 1977
38 *PGRC Newsletter* No. 5, Oktober 1978, S. 1
39 Telefonische Auskunft des Leiters der Saatgutabteilung des kanadischen Landwirtschaftsministeriums vom Januar 1978. Die Information stellt eine inoffizielle Schätzung dar.
40 Die Information wurde von R. Loiselle von der Pflanzenzuchtstation Ottawa bereitgestellt und bisher nicht publiziert.
41 *Expert Committee on Plant Genetic Resources* (Kanada), Protokoll der Tagung vom 24. November 1977
42 *Expert Committee*, a. a. O.
43 Das kanadische Landwirtschaftsministerium berief im Februar eine Pflanzenzüchtertagung ein, auf der eine besondere Resolution verabschiedet wurde, die die dringende Bitte aussprach, es solle sich doch endlich «jemand» dafür einsetzen, daß die Frage der Genbestandserhaltung endlich den ihr gebührenden Rang erhalte.
44 Frankel, O. H., *Genetic Conservation: Why and How*, Rede, gehalten in Canberra (Australien), ohne Datum
45 *PGRC Newsletter* No. 5, Oktober 1978, S. 5
46 *IBPGR Newsletter* No. 36, Januar 1979, S. 25
47 *IBPGR Newsletter* No. 35, Oktober 1978, S. 28
48 Ebd., S. 26
49 *IBPGR Newsletter* No. 33, Februar 1978, S. 15–16

50 Informationen aus inoffiziellen Gesprächen mit Mitarbeitern des kanadischen Landwirtschaftsministeriums.
51 Nach einem Brief von G. Wilkes an F. M. Lappé vom 21. April 1975
52 Oldfield, M. L., *The Utilization and Conservation of Genetic Resources: An Economic Analysis* (Master of Science Thesis), März 1977, S. 164
53 Eckholm, E., *Disappearing Species: The Social Challenge*, o. O., Juli 1978, S. 28
54 Nach einem Telefongespräch mit Loiselle vom 1. Juni 1978
55 Zusammenstellung von Zahlenmaterial aus allgemein zugänglichen Quellen
56 *Conservation of Germ Plasm Resources: An Imperative*, Veröff. der *US National Academy of Sciences*, 1978, S. 30
57 Ebd., S. 4
58 Kazuo Kawano, *Cassava Plasm Collection and Advanced Genetic Material at CIAT*. In: *Cassava Germ Plasm*, Konferenzbericht des *IDRC*, 1975, S. 63
59 Huaman, Z., *Gene Bank Activities at the International Potato Centre*, Rede vom Juli 1978
60 Perelman, M., *Farming for Profit in an Hungry World* (Landmark Series), 1977, S. 156
61 Frankel, O. H., *Genetic Conservation: Why and How*, a. a. O.
62 Aus einem Brief von Roy Laishley (*Development Press Service*, London) vom 7. März 1979
63 Nach einem Gespräch mit E. Bennett vom 20. März 1979
64 *Genetic Vulnerability of Major Crops*, Veröff. der *US National Academy of Sciences*, 1972, S. 130
65 *Conservation of Germ Plasm Resources: An Imperative*, Veröff. der *US National Academy of Sciences*, 1978, S. 29
66 *Plant Importers Warned of Endangered Species Restrictions*, Veröff. des *USDA Regional Information Office (Chicago)*, 25. August 1978
67 *IBPGR Newsletter* No. 34, Juni 1978, S. 10
68 Ebd., S. 16
69 Ebd., S. 13
70 *Report of IBPGR Working Group on Engineering, Design and Cost Aspects of Long-Term Seed Storage Facilities*, Veröff. des *IBPGR*, Dezember 1976, S. 6–7
71 Die Berechnung des Anteils von 90% beruht auf folgenden Quellen:
– *FAO/UNDP/Governments Consultation on the European Co-operative Programme for the Conservation and Exchange of Genetic Resources for Plant Breeding*, Konsultationsbericht, Genf, 17.–19. Dezember 1979
– Quat, Ng. N. und Williams, J. T., *Seed Storage for Crop Genetic Conservation*, AGPE/IBPGR 78/21, 1979
– *The US National Plant Germ Plasm System*, USDA, revidiert im Mai 1978

Kapitel 4

1 Perelman, M., *Farming for Profit in a Hungry World* (Landmark Series), 1977, S. 143
2 *The Wall Street Journal*, 14. Juni 1972, S. 1

3 Diese Information wurde einem unveröffentlichten Bericht von Gerard Balcan entnommen, der im Februar 1979 als Projektvorschlag vorgelegt wurde.
4 Die Informationen stammen aus verschiedenen unveröffentlichten Projektvorschlägen.
5 Nach einem Brief und beigefügten Quellen von Noel Mondejar vom *Farmers Assistance Board* (Philippinen) vom 18. November 1978
6 Aus einem Brief von Jamil Mustaga vom 13. November 1978
7 Aus einem Brief von David Barkin vom 10. Januar 1979
8 Allaby, M., *Miracle Rice Breeds Miracle Locusts*. In: *Ecologist, (o. D.)*
9 Perelman, a. a. O., S. 161
10 *Seed Monopoly*. In: *Elements*, Februar 1975, S. 6–7
11 Wade, N., *International Agricultural Research*, in Abelson, P.H. (Hg.), *Food: Politics, Economics, Nutrition and Research*, 1975, S. 95
12 Perelman, a. a. O., S. 170
13 Ebd., S. 169
14 Wade, a. a. O., S. 91
15 Ebd., S. 91
16 Dalrymple, D. J., *Impact of the International Institutes on Crop Production*. Dieser Artikel wurde im Januar 1975 für den *International Development Council* geschrieben.
17 Peters, C., *The Browning of the Green Revolution*, in *Country Guide*, S. 18
18 Frankel, O. H. (Hg.), *Survey of Crop Genetic Resources in their Centres of Diversity*, Veröff. der *FAO*, Februar 1973, S. 21
19 Crowder, L. W., *Genetics and a Hungry World*, In: *New York's Food and Life Sciences Quarterly*, Vol. II, No. 2, 1978, S. 13
20 Dalrymple, a. a. O.
21 Wade, a. a. O., S. 92
22 Frankel, O. H., *Genetic Conservation: Why and How*, Rede, gehalten in Canberra (Australien)
23 Perelman, a. a. O., S. 146
24 Hopper, W. D., *The Politics of Food*, Rede, gehalten vor einem Symposium über «Kanada und die Welternäherung» in Ottawa, 22.–24. August 1977, S. B 3–9
25 Peters, a. a. O., S. 18
26 Perelman, a. a. O., S. 146
27 Ebd., S. 170
28 Ebd., S. 174
29 *The World Food Problem*, Veröff. der *UN World Food Conference*, November 1974, S. 49
30 Ebd., S. 49
31 *Seed Monopoly*, in *Elements*, Februar 1975, S. 6–7
32 Crowder, a. a. O., S. 13
33 Dalrymple, a. a. O.
34 Grubben, G. J. H., *Tropical Vegetables and their Genetic Resources*, Veröff. des *IBPGR*, 1977, S. 7–8
35 Ebd., S. 7
36 Wilkes, G., *Native Crops and Wild Food Plants*, in *Ecologist*, Vol. VII, No. 8, S. 315

37 Ebd., S. 313
38 Perelman, a. a. O., S. 151
39 Aus einem Brief und den beigegebenen Quellen von Noel Mondejar vom 18. November 1978
40 Perelman, a. a. O., S. 156
41 Ebd., S. 155
42 Dalrymple, a. a. O.
43 Aus einem Brief von M. Dambroth (Braunschweig-Völkenrode) vom 27. Oktober 1978
44 Aus einem Brief und den beigegebenen Quellen von Noel Mondejar vom 18. November 1978
45 Perelman, a. a. O., S. 145
46 Ebd., S. 149
47 Ebd., S. 144
48 *Seed Monopoly*. In: *Elements*, Februar 1975, S. 6–7
49 Morgan, D., *Merchants of Grain* (Viking) 1979, S. 240–241
50 Morgan, a. a. O.. Cargill (New York) und Continental Grain (Minneapolis) gehören zu den größten Getreidehandelsfirmen nicht nur der USA, sondern weltweit: sie kontrollieren zusammen etwa die Hälfte des gesamten internationalen Getreidehandels.

Kapitel 5

1 Aus einer von *L. Wm. Teweles & Co.* im Oktober 1978 an potentielle Käufer ihrer *Global Seed Study* versandten Vorankündigung.
2 Feistritzer, W. P. (Hg.), *Seed Industry Development: A Guide to Planning, Decision-Making and Operation of Seed Programmes and Projects*, Veröff. der *FAO*, 1976, S. IV
3 UPOV, *General Information Brochure*, Publication No. 408 (E), 1976
4 *SIDP: The FAO Seed Improvement and Development Programme*, Veröff. der *FAO*, Januar 1978, S. 4
5 Feistritzer, a. a. O., S. III
6 Crowder, L. W., *Genetics and a Hungry World*, in *New York's Food and Life Sciences Quarterly*, Vol. II, No. 8, 1978, S. 16
7 Feistritzer, a. a. O., S. 42
8 Ebd., S. 43
9 Ebd., S. 15
10 Perelman, M., *Farming for Profit in a Hungry World* (Landmark Series), 1977, S. 171
11 Nelson, P. H., und Kuhn, A., *Recent Organizational Development and Future Trends in Seed Production and Marketing – Private Sector*, in *The Role of Seed Science Technology in Agricultural Development*, Veröff. der *FAO*, 1973, S. 212
12 Ebd., S. 209
13 Ebd., S. 211
14 *Seed Monopoly*, in *Elements*, Februar 1975, S. 6–7
15 Nach einer Rede von Cary Fowler vor Bauern der kanadischen Provinz Saskatchewan vom Februar 1979

16 Internes Arbeitspaper (No. 2) der *President's Commission on World Hunger* (USA), ohne Datum, S. 10
17 *Seed Monopoly*, a. a. O.
18 Leenders, H. H., *Statement of International Seed Trade Federation (FIS)*. In: *The Role of Seed Science Technology in Agricultural Development*, Veröff. der FAO, 1973, S. 382
19 Ebd., S. 381
20 *WIPO, General Information Brochure*, Publication No. 400 (E), 1978, S. 46
21 Ebd., S. 42
22 Ebd., S. 1
23 *UPOV, General Information Brochure*, Publication No. 408 (E), 1976, S. 11
24 *Model Laws for Inventions*, Veröff. der *WIPO*, 1975, S. 23
25 *Co-operation with the International Union for the Protection of New Varieties of Plants (UPOV), FAO-IAA Policy Guideline, 28. Februar 1980, S. 1*
26 *Seeds of the Earth Sows Seeds of Doubt*. In: *Agricultural Supply Industry*, 23. November 1979, S. 1; dieser Artikel nimmt Bezug auf die englische Ausgabe dieses Buches: Mooney, Pat Roy, *Seeds of the Earth – A Private or Public Resource?* London und Ottawa 1979
27 Aus einem Brief von David Barkin vom 10. Januar 1979
28 *The Working Paper on Patent Law Revision*, Juni 1976, erarbeitet für das *Department of Consumer and Corporate Affairs*/Kanada, S. 33
29 Studie Nr. 15, erarbeitet von Fritz Machlup für den *United States Senate, Committee of The Judiciary, Subcommittee on Patents, Trademarks and Copyrights*, 1958; sowie *Report of the Canadian Royal Commission on Patents of Invention*, 1960; sowie *Report of the United Kingdom Committee appointed to review the Patent System*, 1970; sowie *The Working Paper on Patent Law Revision*, a. a. O.
30 Aus einem Gespräch des Autors mit dem UPOV-Sekretariat in Genf am 17. Dezember 1979. Einer der Fälle war das «Eisele-INRA-Abkommen», das von der Kommission der Europäischen Gemeinschaften beurteilt wird in den *Common Market Law Reports*, 14. November 1978, S. 434
31 Ebd.
32 *The Working Paper on Patent Law Revision*, S. V
33 *Das Überleben sichern, Gemeinsame Interessen der Industrie- und Entwicklungsländer*, Bericht der Unabhängigen Kommission für Internationale Entwicklungsfragen (»Brandt-Kommission«), Köln 1980, S. 244
34 *Co-operation with the International Union for the Protection* ..., a. a. O., S. 2
35 UNCTAD-Dokument TD/B/AC. 19 Revision 1, Genf 1979, S. 39
36 Fleury, Jean-Marc, *Who Owns Seeds?* In: *The IDRC Reports*, 1980
37 *UPOV, General Information Brochure*, Publication No. 408 (E), S. 11
38 Ebd., S. 6
39 Ebd., S. 11
40 Ebd., S. 33
41 *Cereal Seed Technology: A Manual for Cereal Seed Production, Quality Control and Distribution*, Veröff. der *FAO*, 1975, S. 24
42 Feistritzer, a. a. O., S. 28
43 Ebd., S. 111
44 Ebd., S. 29

Kapitel 6

1 Aus dem Begleitbrief zur Vorankündigung der *Global Seed Study von L. Wm. Teweles & Co.* mit Datum vom 23. Oktober 1978

2 Diese Angaben stützen sich auf folgende Quellen:
- Brief vom 13. August 1980 von S. V. Robinson, Chairman der *RHM Agriculture Ltd.*, Großbritannien, an E. T. Edwards, Exekutivsekretär des *Industry Committee for Plant Breeders Rights*, Australien;
- *Plant Breeders' Rights*, Bericht der *Commission on Transactions in Seeds* (Großbritannien), Juni 1960;
- *Developments in the Business and Practice of Cereal Seed Trading and Technology*, von *RHM Arable Services Ltd.*, *The Gavin Press*, Appendix B, S. 131;
- W. T. Bradnock in einem Telefongespräch im Januar 1978 sowie bei einem Treffen im Juni 1978, wie auch bei einer öffentlichen Veranstaltung in Regina (Kanada) im März 1979.

Inzwischen bestreiten W. T. Bradnock sowie RHM, daß zwischen den Firmenaufkäufen und der Sortenschutzgesetzgebung in Großbritannien irgendein Zusammenhang bestanden habe. In seinem Brief an E. T. Edwards behauptet S. V. Robinson von RHM auch, sein Unternehmen besitze nur 11 Firmen, die im Saatgutgeschäft tätig seien – obwohl das Buch von RHM selbst schon 17 «Saathandelsfirmen» auflistet, von denen viele von RHM als «Firmengruppen» bezeichnet werden. Eine 18. Saatfirma ist im Gemeinsamen Sortenkatalog der EG für 1979 aufgeführt. Das von RHM herausgegebene Buch ‹vergißt› auch zu erwähnen, daß sich RHM zusammen mit Shell bei British Hybrids engagiert hatte (inzwischen aufgegeben), oder daß RHM als Vertreter für die Saatzuchtinteressen von Guinness tätig ist.

3 Nach einer von Cary Fowler im November 1977 vor der jährlichen Herbstkonferenz des *Saskatchewan Council for International Co-operation* (Kanada) gehaltenen Rede

4 *L. Wm. Teweles & Co.*, *The Global Seed Study – Prospectus*, Oktober 1978, S. 7

5 *Seed Monopoly*. In: *Elements*, Februar 1975, S. 6–7

6 *L. Wm. Teweles & Co.*, a. a. O., S. 2

7 Nach einem Telefongespräch mit Jean-Pierre Berlan vom März 1979

8 *L. Wm. Teweles & Co.*, a. a. O., S. 6

9 Ebd., S. 6

10 Nach dem Begleitbrief zur Vorankündigung der *Global Seed Study* von L. *Wm. Teweles & Co.*, datiert vom 23. Oktober 1978

11 *Focus: Pioneer*, Hg. v. *Dain, Kalman &Quail*, März 1974, S. 1. Es handelt sich um eine Investment-Beratungsstudie

12 Salter, M. S., und Weinhold, W. A., *Diversification via Acquisition*. In: *Harvard Business Review*, Juli/August 1978, S. 175

13 Vgl. Anm. 10

14 Ebd.

15 *Focus: Pioneer*. Hg. v. *Dain, Kalman & Quail*, März 1974, S. 14

16 *Pioneer Hi-Bred* (Jahresbericht für das Geschäftsjahr 1977), S. 9

17 *Seed Monopoly*. In: *Elements*, Februar 1975, S. 6–7

18 *The Wall Street Journal*, 4. Oktober 1978, S. 2

19 *The Wall Street Journal*, 3. Oktober 1978, S. 2

20 Hill, P., *Rhone-Poulenc and PUK Sign Gardinier Agreement.* In: *Chemical Age*, 10. März 1978, S. 2
21 *The New Diversification Oil Game*, in *Business Week*, 24 April 1978, S. 76
22 Vgl. Anm. 11
23 Harris Gleckman vom *UN Centre on Transnational Corporations* in einer Rede vor einem Symposium zur Sortenschutzfrage in Regina (Kanada) am 19. März 1979
24 *The Acquisitions of Technology from Multinational Corporations by Developing Countries*, Veröff. der *UN* (ST/ESA/12), 1974, S. 45
25 *Impact of Trademarks on the Developing Process of Developing Countries*, Veröff. der *UNCTAD*, 19. Juni 1977, S. 21
26 In der Bundesrepublik lauten die Kriterien: Neuheit, Homogenität, Beständigkeit und «landeskultureller Wert».

Kapitel 7

1 Knott, D. R. et alt., *Plant Breeders' Rights*
2 Nach einem Brief vom 1. November 1978
3 Nach einem Brief vom 6. November 1978
4 Nach einem Brief vom 10. Oktober 1976
5 a) Duvick, D. N., *Major United States Crops in 1976*, in Day, P. R. (Hg.), *The Genetic Basis of Epicemics in Agriculture*, Veröff. der *New York Academy of Sciences*, 1977, S. 94
b) Nach einem Brief von Stig Blixt vom 22. Januar 1979
6 Nach einem Brief vom 9. August 1978
7 Nach einem Anfang 1979 eingegangenen undatierten Brief von Sir Joseph Hutchinson
8 Innes, N. L., *Genetic Conservation and the Breeding of Field Vegetables for the United Kingdom.* In: *Outlook on Agriculture*, Vol. VIII, No. 5, 1975, S. 301
9 Nach einem Telefongespräch mit Glen Anderson vom Juni 1978
10 Nach einem Brief vom 6. Dezember 1978
11 Nach einem Brief vom 9. August 1978
12 Nach spontanen Antworten auf Fragen in einer Podiumsdiskussion, an der Erna Bennett teilnahm; die Diskussion fand im Rahmen eines Symposions zur Sortenschutzgesetzgebung in Regina (Kanada) am 20. März 1979 statt
13 Aus einer Rede von W. T. Bradnock während einer Diskussionsveranstaltung zur Sortenschutzgesetzgebung in Swift Current, Saskatchewan (Kanada) am 15. Februar 1979
14 *Plant Breeders' Rights*, Bericht der *Commission on Transactions in Seeds* (Großbritannien), Juli 1960, S. 20–21
15 Loden, H. D., *Seed Industry Experience with Plant Variety Protection*, Aufzeichnung einer in Kalifornien gehaltenen Rede. Herausgegeben von der *Canadian Seed Trade Association*
16 Henkes, R., *Growth in Private Plant Breeding Programs is Bound to Affect Public Programs ... and Farmers*, in *The Furrow*, Mai/Juni 1976
17 Nach einer im Juni 1978 in Ottawa erteilten Auskunft von W. T. Bradnock
18 Nach einer Auskunft der *Foreign Investment Agency* (Kanada)

19 Henkes, a. a. O.
20 *Plant Breeders' Rights*, Bericht der *Commission on Transactions in Seeds* (Großbritannien), Juni 1960, S. 18–24
21 Whiteside, T., *Tomatoes*. In: *The New Yorker*, 24. Januar 1977, S. 57
22 Nach einer Reihe von Telefongesprächen mit N. Borlaug und G. Anderson aus dem Juni 1978
23 Aus einer Rede von Erna Bennett vor einem Symposium zur Sortenschutzgesetzgebung am 19. März 1979 in Regina (Kanada)
24 Brand, D., *Seeds of Plenty*. In: *The Wall Street Journal*, 8. September 1971, S. 1
25 Nach einer Rede von B. Harvey vor einem Symposium zur Sortenschutzgesetzgebung am 19. März 1979 in Regina (Kanada)
26 Nach einem Brief des Landwirtschaftsministers Orville Freeman an den amerikanischen Kongreß vom 29. Februar 1968
27 Nach einem Brief von O. Brauer vom 17. April 1979 (abgefaßt im Auftrag des Generaldirektors der *FAO*)
28 Nach einer von C. F. Büchting von der *KWS AG* (Einbeck) an G. Eros von der *Oseco Ltd.* im Dezember 1978 erteilten Auskunft
29 Nach einem Telefongespräch mit Erna Bennett vom 26. Juni 1978
30 Nach einem Telefongespräch mit J. G. Hawkes vom 26. Juni 1978
31 Nach einem Telefongespräch mit J. K. A. Bleasedale vom 26. Juni 1978
32 Nach von der *Henry Doubleday Research Association* im Januar 1979 zur Verfügung gestelltem Material
33 Nach einem Brief und einem Projektentwurf von E. Stamp von Oxfam (UK) vom 18. Juli 1978
34 Hutchinson, Sir J., Protokolle der Konferenz *Conservation in Agriculture* in Oxford 1976. Es handelt sich um einen Redebeitrag während einer Podiumsdiskussion
35 Smith, P. G., *Garden Peppers*. In: *California Agriculture*, September 1977, S. 11
36 Whiteside, a. a. O., S. 38
37 Henkes, a. a. O.
38 Nach einem Brief vom 10. Januar 1979

Kapitel 8

1 Bei apomiktischer Vermehrung entsteht der Same ungeschlechtlich direkt aus Zellen der Mutterpflanze. Der Vorteil besteht darin, daß die Tochterpflanzen mit der Mutterpflanze genetisch identisch sind.
2 Reynolds, R., *Genetic Uniformity: The Growing Menace of Sameness*, Zeitungsartikel , S. 2; die Angaben über den Umfang der kalifornischen Tomatenernte wurden im April 1980 von der US-Botschaft in Ottawa zur Verfügung gestellt
3 Shao, M., *Small Maine Famers Don't Get the Gravy with teir Potatoes*. In: *The Wall Street Journal*, 25. August 1978, S. 1
4 *Genetic Vulnerability of Crops*, Veröff. der *US National Academy of Sciences*, 1972, S. 83
5 Whiteside, T., *Tomatoes*. In: *The New Yorker*, 24 Januar 1977, S. 61

6 Oldfield, M. L., *The Utilization and Conservation of Genetic Resources: An Economic Analysis* (Master of Science Thesis) März 1977, S. 49
7 Ebd., S. 57
8 Ugent, D., *The Potato*. In: *Science*, 1970, S. 1165
9 Nach einem Brief von Erna Bennett vom 28. Mai 1979
10 Nach einer Rede von Cary Fowler vor Farmern der kanadischen Provinz Saskatchewan vom Februar 1979
11 Wilkes, G., *Native Crops and Wild Food Plants*. In: *Ecologist*, Vol. VII, No. 8, S. 314
12 Nach einem Telefongespräch mit R. Lewontin vom 7. Februar 1979
13 Brand, D., *Seeds of Plenty*. In: *The Wall Street Journal*, 8. September 1971, S. 1
14 *Seed Monopoly*. In: *Elements*, Februar 1975, S. 6–7; die Zahl von fast 30 Millionen Hektar ist eine Schätzung auf der Grundlage des durchschnittlich von 1976 bis 1978 in den USA angebauten Sommer- und Winterweizens. Die Zahl wurde im April 1980 von der US-Botschaft in Ottawa zur Verfügung gestellt
15 Henkes, R., *Growth in Private Plant Breeding is Bound to Affect Public Programs ... and Farmers*. In: *The Furrow*, Mai/Juni 1976
16 Nach einem Telefongespräch mit D. R. Knott in Saskatoon (Kanada) am 27. März 1979
17 *New Seeds*, in *Elements*, Juni 1975, S. 7
18 Feistritzer, W. P. (Hg.), *Seed Industry Development: A Guide to Planning, Decision-Making and Operation of Seed Programmes and Projects*, Veröff. der *FAO*, 1976, S. 112
19 Nach einer von C. F. Büchting (KWS AG) an G. Eros (Oseco Ltd.) im Dezember 1978 erteilten schriftlichen Auskunft
20 Bubar, J. S., aus einem nicht veröffentlichten Leserbrief vom 23. Januar 1979, der von der *Canadian Seed Trade Association* zugänglich gemacht wurde.
21 Nach einem Telefongespräch mit R. Lewontin vom 7. Februar 1979
22 Whiteside, a. a. O., S. 42
23 Menninger, R., *New Crops*. In: *The Co-Evolution Quarterly*, Herbst 1977, S. 76. Es handelt sich um ein Interview mit Richard Felger.
24 Waterloo, C., *Pesticides. What We Don't Know*. In: *Des Moines Sunday Register*, 23. April 1978, S. 1
25 Menninger, a. a. O., S. 76

Kapitel 9

1 Saidak, W. J., *Weed Science Research*. In: *The Agrologist*, Sommer 1977, S. 17.
2 Menninger, R., *New Crops*. In: *The Co-Evolution Quarterly*, Herbst 1977, S. 76. Es handelt sich um ein Interview mit Richard Felger
3 Waterloo, C., *Pesticides: What We Don't Know*. In: *Des Moines Sunday Register*, 23. April 1978, S. 1
4 *Agriculture to the Year 2000*, Entwurf eines Berichts des *Science Council of Canada*, 1977, S. 71
5 *Half Million Poisonings Blamed on Third World Pesticides Use*. In: *The Western*

Producer, 23. März 1978, S. 37
6 Ebd.
7 Ebd.
8 Ebd.
9 Manly, D. G., *The Dual Ladder – Successes and Failures*. In: *Research Management*, Juli 1977, S. 31
10 In der Bundesrepublik Deutschland definiert das Saatgutverkehrsgesetz den ‹landeskulturellen Wert› in § 42 wie folgt: «Eine Sorte besitzt landeskulturellen Wert, wenn sie nach der Gesamtheit ihrer wertbestimmenden Eigenschaften gegenüber den in der Sortenliste eingetragenen vergleichbaren Sorten eine deutliche Verbesserung für den Pflanzenbau oder für die Verwertung des Ernteguts oder aus dem Erntegut gewonnener Erzeugnisse erwarten läßt.»
11 Lublin, J. S., *A Lab's Troubles Raise Doubts About Quality of Drug Tests in US*. In: *The Wall Street Journal*, 21. Februar 1978, S. 1
12 The Haslemere Group, *Who Needs the Drug Companies*, Hg. von *War on Want and Third World First*, S. 4
13 Ebd.
14 *The Drug Industry's Clouded Future*. In: *Business Week*, 23. November 1974, S. 64
15 Brisset, C., *Third World Medicines: Multinationals Rule*. in: *The Guardian*, 21. Januar 1979, S. 13
16 Dowling, H. F., *Medicines for Man: The Development, Regulation and Use of Prescription Drugs*, New York 1970, S. 108
17 *The Drug Industry's Clouded Future*, a. a. O., S. 65
18 Jahresbericht von *Fisons* für das Geschäftsjahr 1977, S. 11
19 Ebd.
20 Ebd.
21 The Haslemere Group, a. a. O., S. 25
22 »Generics» sind «markenlose Medikamente», die nicht unter einem Markennamen in den Verkehr gelangen, sondern unter ihrer chemischen Bezeichnung verkauft werden.
23 *The Drug Industry's Clouded Future*, in *Business Week*, 23. November 1974, S. 65
24 Henkes, R., *Growth in Private Plant Breeding Programs is Bound to Affect Public Programs ... and Farmers*. In: *The Furrow*, Mai/Juni 1976
25 Rollin, S. F. *(USDA)*, *Recent Organizational Developments and Future Trends in Variety and Seed Control – Truthful Labelling Concept*. In: *The Role of Seed Science Technology in Agricultural Development*, Veröff. der *FAO*, 1973, S. 231
26 Nach einem Bericht von Cary Fowler (*Graham Centre*, USA)
27 Romahn, J., *Seeds of Discontent*. In: *Canadian Business*, Februar 1979, S. 88
28 Perelman, M., *Farming for Profit in a Hungry World* (Landmark Series), 1977, S. 158
29 *The Guardian*, 20. November 1974, S. 14
30 The Haslemere Group, a. a. O., S. 12
31 Ebd., S. 13
32 Ebd., S. 13
33 *The Drug Industry's Clouded Future*, a. a. O., S. 67

34 *The Selection of Essential Drugs*, Veröff. der *World Health Organization (WHO)*, 1977
35 *Case Studies in Transfer of Technology: Pharmaceutical Policies in Sri Lanka*, Untersuchungsbericht des Sekretariats der *UNCTAD*, TD/B/C.6/21, 1977
36 *Fisons* Jahresbericht 1977, S. 11
37 *How Anyone Can Join the Great American Anti-Trust Game*. In: *The Economist*, 21. Januar 1978, S. 85
38 *SMON: The Human Cost of Drug Industry Profits*. In: *Ampo, The Japan-Asia Quarterly*, 10. Jahrgang, Nr. 1 und 2, 1978, S. 76